U0682371

线性代数与电路方程

戴　宏　戴　琳　编著

科　学　出　版　社

北　京

内 容 简 介

本书内容包含线性电路与线性代数基础知识、行列式与解的表示、秩与解的存在性和结构、相似变换与微分方程等4章，各章均配有相当数量的习题，书末附有习题答案。本书的主要特点是将线性代数直接应用于线性电路分析中电压、电流的求解计算。数学方面除了经典的行列式、矩阵及其运算、矩阵的初等变换、向量组的线性相关性、线性代数方程组、矩阵的对角化与相似变换等内容外，增加了复数和一元多项式等内容，目的是为求解常系数线性微分方程进行铺垫。电路分析计算的方程组主要是针对直流激励和正弦交流激励的实数线性代数方程组、复数线性代数方程组和常系数线性微分方程等，其内容包括解的存在性、唯一性和稳定性，以及解的表示和结构等。全部内容教学时数约48学时。

本书可供高等院校电类和涉电类工科专业使用，包括电子信息类、电气工程类、无线通讯类、自动控制类、机电工程类、光电技术类、能源类、网络类、仪器仪表类等，也适用于理工交叉学科物理工程、生化检测分析、空间和地理信息探测等专业，还可供研究生、教师和科技工作者阅读参考。

图书在版编目(CIP)数据

线性代数与电路方程/戴宏，戴琳编著. —北京:科学出版社，2017.12
(2018.10 重印)

ISBN 978-7-03-056088-9

Ⅰ.①线… Ⅱ.①戴… ②戴… Ⅲ.①线性代数-教材 ②线性电路-教材 Ⅳ.①O151.2②TN710

中国版本图书馆 CIP 数据核字 (2017) 第 322597 号

责任编辑：张 展 黄 桥/ 责任校对：韩雨舟
责任印制：罗 科 / 封面设计：墨创文化

科学出版社出版
北京东黄城根北街16号
邮政编码：100717
http://www.sciencep.com

成都锦瑞印刷有限责任公司印刷
科学出版社发行 各地新华书店经销
*
2017年12月第 一 版 开本：787×1092 1/16
2018年10月第二次印刷 印张：7 1/2
字数：180 千字

定价：35.00 元

前　言

在高等教育中，线性代数越来越多地被理科和工科以外的众多学科作为一门重要的专业基础课程所开设。人们深刻地认识到，线性代数的理论与方法不仅在自然科学、工程科学、社会科学等多个领域有广泛的应用，而且在人才计算技能培养方面也是不可或缺的。

线性代数的基本概念、基本理论和基本方法具有较强的逻辑性、抽象性、综合性和实用性，这些特点常常使初学者望而生畏。《线性代数与电路方程》是专门为工程技术应用型普通高等院校编写的。在编写过程中，本书遵循本学科的系统性与科学性，内容尽量少而精，书中概念的引入、理论的展开、篇章的过渡，基本都从学生熟知的实例或将要解决的实际问题出发，并选择与中学所学知识相连贯的内容作为切入点，让学生能更好地由浅入深、循序渐进地学习，易于知识的融会贯通。对于较难的理论证明，本书作了适当的弱化处理，代之以通俗直观的举例或类比加以说明。

例如，在中学所学电阻的串并联电路中仅新增了一个电阻便引出了使用线性方程组求解所需要解决的问题。再如，通过照明、动力电路电流的计算问题引入了复数的概念及其四则运算规则，从而为正弦激励作用于线性电路的响应分析及其计算开辟了一条通道。还有，应用对电子仪器装置、电气控制设备进行频繁开关操作将缩短其寿命的统计结果，提出了用微分方程来定量分析开关前后电压、电流的剧烈波动问题。

对于初学者难以理解的向量组的线性相关性、秩、极大线性无关组等概念，本书直接引入了线性代数系统加法运算封闭性和数乘运算封闭性的定义，并通过电路方程组中行与行的元素和列与列的元素之间的关系明确了线性齐次性和线性叠加性的意义。本书每章中都讨论了具有实用价值的电路方程的相关内容，生动地展示了线性代数作为表达、分析和计算工具在解决电路系统问题中的强大功能。

本书经作者反复推敲编创而成，力求突出直观性、形象化和应用性的教学构想。全书结构流畅，主次分明，论述条理清晰、通俗易懂、易教易学、具有一定的学科针对性。

本书除了传统的行列式、矩阵理论、线性方程组解的结构等内容以外，增加了复数和多项式的相关知识介绍，并在矩阵相似变换的基础上加入了电路一阶微分方程组的求解过程和分析。云南大学戴宏编写了全书约三分之二的内容，昆明理工大学戴琳编写了约三分之一的内容。全书由戴宏统稿而成，教学约需 48 学时。建议第 1 章至第 4 章的教学学时依次为 12、12、14 和 10 学时。

限于编者水平，不足之处在所难免，恳请广大读者和师生批评指正。

作　者

2017 年 7 月

目　录

第 1 章　电路与线性代数基础

近代以来，人们在研究自然界、社会和思维的规律时，普遍引用了系统的概念、理论和方法。通常，系统是指由若干相互联系、相互作用的事件组合而成的具有某种功能的整体。太阳系、生态系统和动物的神经系统等属于自然系统；供电网、运输系统、互联网等属于人工系统；生物系统、化学系统、政治体制系统、经济结构系统、生产组织系统等属于非物理的系统。物理系统一般认为由力、热、声、光、电磁等系统组成。这些系统的运动变化规律通常用变量来描述，如果变量由线性方程决定，则称该系统为线性系统；如果变量由非线性方程决定，则称该系统为非线性系统。

物理系统中与电磁现象联系紧密的实际电路系统在满足集总参数假设的前提下，可以将组成实际系统的导线、开关、器件、装置、设施等的能量表现形式抽象为参数或模型等效描述。例如，电阻是电能消耗或使用的表现形式，所以可用电阻值 R 集中描述耗能或使用电能的现象。而实际的电阻器被制作后其主要的特性是耗能或用能，则该电阻器就可用电阻值 R 表示。所有电路中的能量现象对应地使用参数或模型描述后，可用理想导体将它们连接组成系统，这样的系统被称为模型电路系统。

当选取电压、电流作为变量描述电路系统的特性时，它们各自受到基尔霍夫电流定律（KCL）和基尔霍夫电压定律（KVL）的约束，这被称为拓扑约束。另一方面，模型元件电压、电流之间还必须遵从一定的线性关系（VCR，即电压电流关系或伏安关系），这被称为元件约束。遵从拓扑约束和元件约束的电路系统称为模型电路系统，描述电路系统特性的电压、电流随时间变化，其变化规律由拓扑约束和元件约束决定。

1.1　线性电路方程

所谓方程，也称约束，是指那些含有未知量的等式，它表达了未知量所必须满足的条件。例如在电路中，未知电压、电流所必须满足的条件是 KCL、KVL、VCR 方程或约束。方程的种类繁多，一般按未知量的类型和对未知量所施加的数学运算进行分类。如果在一个方程中的未知量是数，这样的方程就是代数方程；如果在一个方程中的未知量是函数，这样的方程就是函数方程，如果在一个函数方程中含有未知函数的求导运算或微分运算，这样的函数方程就称为微分方程。在人们探求物质世界运动规律的过程中，一般很难全靠实验观测认识清楚运动规律，因为人们不太可能观察到运动的全过程。然而，运动物体（相当于变量）与它的瞬时变化率之间，通常在运动过程中按照某种已知定律存在着联系，而这种联系用数学语言表示出来，其结果往往会形成一个微分方程。

一般来说，微分方程就是联系自变量、未知函数以及未知函数的某些导数的等式。如果其中的未知函数只与一个自变量有关，则称为常微分方程；如果未知函数是两个或两个以上自变量的函数，并且在方程中出现偏导数，则称为偏微分方程。本书中的变量电压和电流在集总参数假设下只与时间有关，即只与一个自变量有关，所以是常微分方程。另外，如果电路中没有电容元件和电感元件时，未知电压、电流是实数或函数，则受代数方程或函数方程约束。

1.1.1 线性电路元件

实际电路是由开关、器件、芯片、装置、设施等用导线连接组成的，通常按能量的高低分为强电系统和弱电系统。强电系统的作用主要是传输和转换电能，而弱电系统的主要作用则是传递和处理信号。电能由电源提供，而信号在电路系统中亦被视为能量的源泉，因此将电源和电信号统称为激励。所以，当我们说“电路”一词时，应该明确是由激励和实际电路两部分构成。

由激励和实际电路构成的电路并不能直接进行计算，其特性难以被定量描述，因此需要对电路中发生或出现的每一种物理现象或过程进行分析，并给每一种物理现象赋予确定的集总参数，称之为物理建模。电路中发生的物理现象分为电能的消耗、存储和转换，所以对应建立了电阻模型、电容/电感模型和受控源模型。由这些模型构成的电路统称为模型电路。本书仅针对模型电路讨论其分析计算问题。

电阻模型也称电阻元件，它表示电路中耗能或用能的现象，用参数 R 描述，国际单位为欧姆(Ω)。实际的电阻器件在近似情况下可视为电阻元件，即理想元件。

电感模型和电容模型也称电感元件和电容元件，它们描述电路中发生的储能现象。电感元件表示能将电能转换为磁场进行存储，又能将存储的磁场转换为电能返回电路的现象，用参数 L 描述，国际单位为亨利(H)。电感分为自感和互感，本书只讨论自感，亦称为电感。电容元件表示能将电能转换为电场进行存储，又能将存储的电场转换为电能返回电路的现象，用参数 C 描述，国际单位为法拉(F)。

受控源模型也称受控源元件，用于描述弱的电能能够控制电源将其电能转化为一个强的电能的现象。因为电能可以等效用电压表示，也可以等效用电流表示，所以有四种受控源元件，它们分别是电压控制的电压源(VCVS)，电压控制的电流源(VCCS)，电流控制的电压源(CCVS)和电流控制的电流源(CCCS)。

上述模型中，电阻、电感和电容等同于一个二端元件，可用中学学过的图形符号表示。受控源元件等同于两个二端元件，亦可用图形符号表示。另外，激励也可用模型表示，称为理想电源元件，它描述电路中提供电能的现象。理想电源元件分为理想电压源元件(用参数 $u_s(t)$ 描述)和理想电流源元件(用参数 $i_s(t)$ 描述)，它们都是二端元件。

应该指出，只要电路中发生或出现的每一微小物理现象都能被捕捉并被表示为模型参数，则这样的模型电路便能准确地反映电路的任何特性。集成电路的研发成功充分证明了这一点。

1.1.2　元件约束方程

为了能够定量、准确地描述电路特性，需要按电路的结构特点和守恒律来选取电路变量。根据电路系统中电荷守恒定律和能量守恒定律，应该选取电荷量 $q(t)$ [1]和电能 $w(t)$ 作为基本变量。但因其不便于测量，所以选取电压 $u(t)$ 和电流 $i(t)$ 作为表征电路特性的基本变量。它们与电荷量 $q(t)$ 和电能 $w(t)$ 的关系是 $i(t)=\dfrac{\mathrm{d}q}{\mathrm{d}t}$ 和 $u(t)=\dfrac{\mathrm{d}w}{\mathrm{d}q}$。电流的国际单位为安培（A），电压的国际单位为伏特（V）。

电阻元件的约束方程，即电压电流关系是我们熟悉的欧姆定律。可以写为两种形式，一种是 $u_R = Ri_R$，另一种是 $i_R = Gu_R$，G 为电导，它等于电阻 R 的倒数，国际单位为西门子(S)。

电感元件的电流 $i_L(t)$ 在其周围产生磁通总链数 $\varPsi(t)=Li_L(t)$，若 $\varPsi(t)$ 连续，则有关系 $\dfrac{\mathrm{d}\varPsi}{\mathrm{d}t}=L\dfrac{\mathrm{d}i_L}{\mathrm{d}t}$，即 $u_L = L\dfrac{\mathrm{d}i_L}{\mathrm{d}t}$。这就是电感元件的电压电流关系。该关系也可写为积分形式。

电容元件的电荷量 $q(t)$ 与两极板的电压 $u_C(t)$ 存在关系 $q(t)=Cu_C(t)$，若 $u_C(t)$ 连续则有关系 $\dfrac{\mathrm{d}q}{\mathrm{d}t}=C\dfrac{\mathrm{d}u_C}{\mathrm{d}t}$，即 $i_C = C\dfrac{\mathrm{d}u_C}{\mathrm{d}t}$。这就是电容元件的电压电流关系。该关系也可写为积分形式。

受控源元件的电压电流关系与电阻元件类似。对于 VCVS 为 $i_1=0$，$u_2=\alpha u_1$；对于 VCCS 为 $i_1=0$，$i_2=gu_1$；对于 CCVS 为 $u_1=0$，$u_2=ri_1$；对于 CCCS 为 $u_1=0$，$i_2=\beta i_1$。其中 α、g、r、β 为实常数，可正可负，但 R、L、C 则为非负实常数。

上述四类元件的电压电流关系合称为实际电路的数学模型。这些关系因为具有线性特性，所以也称为线性电路模型。考虑到激励可以用理想电压源或理想电流源模型等效描述，所以实际电路可被模型化，但需要注意的是，激励的电压电流关系由其自身和外电路确定。本书中主要讨论激励为直流和正弦交流这两种情况，它们均是已知量。此外，下面的讨论中提到的电路都指模型电路。

1.1.3　拓扑约束方程

所谓拓扑，是指由特定意义的点、线连接构成的图形，也称拓扑结构。在电路中，“线”代表上述二端元件中的任何一种，称之为支路，一个二端元件就是一条支路，一条支路用一个电流描述其特征。“点”代表“线”与“线”连接的位置，称为节点，一个节点用一个电位描述其特征。电位是指选取零电位点后的电压，具有相对性。

图 1-1 是惠斯通电桥电路的拓扑图。它由七个二端元件组成，分别用七个电流 i_1，i_2，…，i_7 描述，如图 1-1(a)所示。二端元件的连接点有 A、B、C、D、E 五个，用五个节点电位 u_A，u_B，…，u_E 描述，如图 1-1(b)所示。若选取 u_E 为参考零电位，即 $u_E=0$，

[1] 本书中用小写字母表示变量，且 $q(t)$ 与 q 相同；用大写字母表示常量，例如 U、I、P 等。

则七个支路电压u_1，u_2，…，u_7与节点电位u_A，u_B，…，u_E的关系是：

$$\begin{cases} u_1 = u_A - u_E = u_A \\ u_2 = u_A - u_B \\ u_3 = u_B - u_C \\ u_4 = u_B - u_D \\ u_5 = u_C - u_D \\ u_6 = u_C - u_E = u_C \\ u_7 = u_D - u_E = u_D \end{cases} \tag{1-1}$$

显然，求出了节点电位便可确定支路电压。通常，使用计算机软件对电路进行分析时，给出的结果一般是节点电位。在第 3 章中我们将看到，式(1-1)是基尔霍夫电压定律的矩阵形式，是电路的拓扑约束之一。

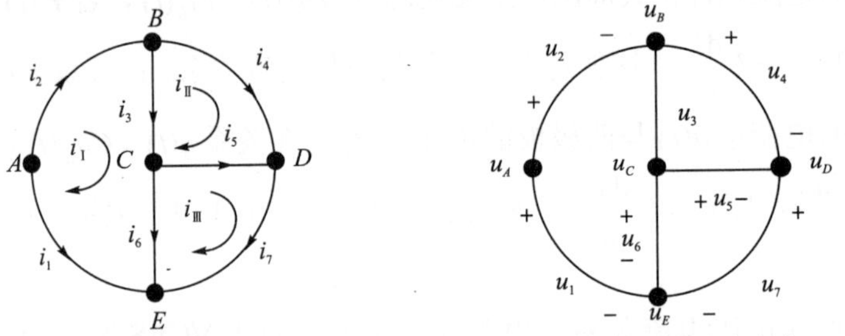

(a) 支路电流与网孔电流　　(b) 支路电压与节点电位

图 1-1　惠斯通电桥的拓扑图

基尔霍夫电流定律简称KCL，对于任何集总参数电路，在任意时刻流入或流出节点的电流代数和等于零。数学表述为

$$\sum_{m=1}^{k} i_m(t) = 0$$

其中k是流入流出某一节点的支路数，$i_m(t)$是第m条支路的电路。

KCL是电荷守恒定律在电路中的表现形式，它表征了电流之间的约束关系。在图 1-1(a)的拓扑图上对未知电流任意标出其流向，称为参考方向。规定流入节点的电流取正号，流出节点的电流取负号，可依次对 5 个节点A、B、C、D、E列出KCL方程：

$$\begin{cases} -i_1 - i_2 = 0 \\ i_2 - i_3 - i_4 = 0 \\ i_3 - i_5 - i_6 = 0 \\ i_4 + i_5 - i_7 = 0 \\ i_1 + i_6 + i_7 = 0 \end{cases} \tag{1-2}$$

基尔霍夫电压定律简称KVL，对于任何集总参数电路，在任意时刻沿回路的电压降或电压升的代数和等于零。数学表述为

$$\sum_{m=1}^{l} u_m(t) = 0$$

其中 l 是某一回数所含的支路数，$u_m(t)$ 是第 m 条支路的电压。

回路是由拓扑图上的“线”连接构成的闭合路径，所以KVL表征了“线”之间，即电压之间的约束关系。它是能量守恒定律在电路中的表现形式。在图 1-1(b)的拓扑图上对未知电压任意标出其正负极性，称为参考极性，为统一起见，从正极性指向负极性的方向称为电压的参考方向。要用KVL列出方程，首先需要对回路假设一个绕行方向。对于平面电路，一般假设沿顺时针方向绕行一圈来确定电压的正负极列出KVL方程，即沿绕行方向从负极性到正极性的电压取正号，称为电压升，而从正极性到负极性的电压取负号，称为电压降，这样可列出图 1-1(b)拓扑图中七个回路的KVL方程：

$$\begin{cases} u_1 - u_2 - u_3 - u_6 = 0 \\ u_3 - u_4 + u_5 = 0 \\ -u_5 + u_6 - u_7 = 0 \\ u_1 - u_2 - u_4 - u_7 = 0 \\ u_3 - u_4 + u_6 - u_7 = 0 \\ u_1 - u_2 - u_4 + u_5 - u_6 = 0 \\ u_1 - u_2 - u_3 - u_5 - u_7 = 0 \end{cases} \tag{1-3}$$

从方程(1-2)和方程(1-3)可以看出，电压和电流并不存在联系，需要元件的电压电流关系作为桥梁。方程(1-2)和方程(1-3)都存在零解，是否有非零解？方程(1-2)中，未知量多于方程数，能否求解？方程(1-3)中，未知量等于方程数，是否有唯一解？这些问题都是本书将要讨论的内容。

例 1-1　某电路根据KCL、KVL、VCR列出了电流 I_1、I_2、I_3 满足的方程：

$$\begin{cases} I_1 - I_2 - I_3 = 0 \\ (\mu - 1)I_1 - I_2 = -5 \\ -\mu I_1 + I_2 - 2I_3 = U_s \end{cases}$$

其中，参数 μ 和 U_s 可以调节。试求解电流 I_1、I_2、I_3。

解　使用中学所学代入消元法可得

$$\begin{cases} (2\mu - 5)I_1 = U_s - 15 \\ (2\mu - 5)I_2 = (\mu - 1)U_s - 5(\mu + 2) \\ (2\mu - 5)I_3 = (2 - \mu)U_s - 5(1 - \mu) \end{cases}$$

(1) 当 $2\mu - 5 \neq 0$ 时，方程组有唯一解：

$$\begin{cases} I_1 = \dfrac{U_s - 15}{(2\mu - 5)} \\ I_2 = \dfrac{(\mu - 1)U_s - 5(\mu + 2)}{(2\mu - 5)} \\ I_3 = \dfrac{(2 - \mu)U_s - 5(1 - \mu)}{(2\mu - 5)} \end{cases}$$

(2) 当 $2\mu-5=0$，$U_s\neq 15$ 时，将出现 $0=-\frac{1}{2}U_s+\frac{15}{2}$ 的矛盾结果，方程组无解。

(3) 当 $2\mu-5=0$，$U_s=15$ 时，原方程组变为

$$\begin{cases}\frac{3}{2}I_1-I_2=-5\\ -\frac{5}{2}I_1+I_2-2I_3=15\end{cases}$$

两个方程求解三个未知量，方程组有无穷多解。若设电流 $I_2=c$，称其为自由未知量，c 为任意数，则可得出方程组解的一种表示形式：

$$\begin{cases}I_1=\frac{2}{3}c-\frac{10}{3}\\ I_2=c\\ I_3=-\frac{2}{3}c+\frac{20}{3}\end{cases}$$

可见，无穷多解由两部分构成。一部分与自由未知量有关，是可变的，另一部分则是确定的。

从该例题可知，对于方程组的求解需要解决三个问题。首先是解的存在性，其次是唯一解的表示，最后是解的结构或构成。

在电路中，除了上述的代数方程，更多的是含有电感元件或电容元件的微分方程。因为电感、电容的电压电流关系含有对时间的一阶导数，所以方程组的解将随时间变化，因此把电感元件和电容元件合称为动态元件。当电路中含有 n 个动态元件时，描述电路特性的微分方程一般含有对时间的 n 阶导数，因此是一个 n 阶微分方程。一般地，设激励为 $f(t)$，则电路中的电压或电流 $y(t)$ 受下述微分方程约束：

$$a_n\frac{\mathrm{d}^n y}{\mathrm{d}t^n}+a_{n-1}\frac{\mathrm{d}^{n-1}y}{\mathrm{d}t^{n-1}}+\cdots+a_0y=b_m\frac{\mathrm{d}^m f}{\mathrm{d}t^m}+b_{m-1}\frac{\mathrm{d}^{m-1}f}{\mathrm{d}t^{m-1}}+\cdots+b_0f \tag{1-4}$$

在线性电路中，a_n，a_{n-1}，…，a_0，b_m，b_{m-1}，…，b_0 是由电路参数和结构确定的实常数。其求解的方法将在第 4 章给出。

关于电路中状态方程的问题，也留到第 4 章进行讨论。

例 1-2 电阻 R、电感 L 和电容 C 串联后接于电源 $u_s(t)$ 上。试求电容电压的约束方程。

解 因串联电路，电流相同，设为 $i(t)$。

根据电阻 R、电感 L 和电容 C 的电压电流关系，可得

$$u_R=Ri,\quad u_L=L\frac{\mathrm{d}i}{\mathrm{d}t},\quad i=C\frac{\mathrm{d}u_C}{\mathrm{d}t}$$

根据 KVL 可得

$$u_R+u_L+u_C=u_s$$

联合求得

$$LC\frac{\mathrm{d}^2u_C}{\mathrm{d}t^2}+RC\frac{\mathrm{d}u_C}{\mathrm{d}t}+u_C=u_s(t)$$

这就是电容电压的约束方程。因为有电感、电容两个动态元件，所以是二阶微分方程。

1.2　线性代数基础

代数学可以划分为初等代数和高等代数。高等代数通俗地说是中学所学初等代数的继续和提高，研究的主要对象是带有代数运算的集合，也称代数系统。本书中涉及的集合是数的集合，主要是实数、复数的集合。集合可以由数、数列或向量组成，还可以是数表或矩阵组成。代数运算是指加法、减法、乘法和除法这四种运算，一般认为减法不是一种独立的运算，通常被归为加法运算。

在高等代数中，将基本的代数系统归为群、环和域三类。群是一种相对简单但是最重要的代数系统，它仅带有乘法的运算。环是带有加法、减法和乘法运算的代数系统。而域是在环的基础上增加了一种类似于除法运算的称为可逆运算的代数系统。不论代数系统是群、环还是域，其基本问题的解决主要依靠多项式理论和方程理论。线性代数系统是一种最基本的代数系统，属于域的一种特殊情况，因为矩阵、向量组的乘法运算和可逆运算是受限制的。

1.2.1　线性代数系统

集合是一类元素的集体，数集便是一类数的集体。已经学过的数集有整数集、有理数集、无理数集和实数集。可用大写字母表示数集，一般用 **Z** 表示全体整数的集合，**Q** 表示全体有理数的集合，**R** 表示全体实数的集合。对于下面将要学习的复数，用 **C** 表示其集合。除特别申明，所用到的数都指实数。

在中学解析几何中，把“既有大小，又有方向的量”叫作向量，用黑斜体表示。在笛卡儿直角坐标系中用带箭头的线段表示向量，并且规定向量的起点为坐标原点，终点用坐标分量这种有序数来表示。例如，一维向量 $\boldsymbol{r}=x\boldsymbol{e}_x$，二维向量 $\boldsymbol{r}=x\boldsymbol{e}_x+y\boldsymbol{e}_y$，三维向量 $\boldsymbol{r}=x\boldsymbol{e}_x+y\boldsymbol{e}_y+z\boldsymbol{e}_z$。其中 $\boldsymbol{e}_x$、$\boldsymbol{e}_y$、$\boldsymbol{e}_z$ 称为单位向量。一维向量因为只有一个坐标分量，所以其集合是一个数集；而二维向量、三维向量和 n 维向量由于含有两个分量、三个分量和 n 个分量，所以其集合是一个向量集合或者数列集合。另外，由于坐标分量是有顺序的，因此向量集合是由有序数构成的数列集合。

在直角坐标系中，单位向量是确定的，因此向量可用分量表示为行的形式或列的形式，本书采用列的形式 $\boldsymbol{r}=\begin{pmatrix}x\\y\\z\end{pmatrix}$ 表示，若需用行的形式，则使用 $\boldsymbol{r}^{\mathrm{T}}=(x,\ y,\ z)$ 表示，并称 $\boldsymbol{r}^{\mathrm{T}}$ 为 $\boldsymbol{r}$ 的转置向量。显然，同一组分量构成的行向量和列向量互为转置向量。

三维向量的全体构成三维向量集合，集合中的向量有相等、相加和数乘三种运算：

(1) 两个向量相等是指两个向量对应分量均相等。

(2) 两个向量相加(减)，其结果是两向量的对应分量相加(减)后得出的新分量对应的向量。

(3) 非零数乘一个向量，其结果是该向量所有各分量乘以该非零数后得出的新分量对应的向量。

例 1-3 已知向量 $\boldsymbol{r}_1=\begin{pmatrix}3\\4\\7\end{pmatrix}$ 和 $\boldsymbol{r}_2=\begin{pmatrix}2\\0\\5\end{pmatrix}$，试求向量 $4\boldsymbol{r}_1$，$\boldsymbol{r}_1+\boldsymbol{r}_2$，$3\boldsymbol{r}_1-2\boldsymbol{r}_2$。

解

$$4\boldsymbol{r}_1=4\begin{pmatrix}3\\4\\7\end{pmatrix}=\begin{pmatrix}4\times3\\4\times4\\4\times7\end{pmatrix}=\begin{pmatrix}12\\16\\28\end{pmatrix}$$

$$\boldsymbol{r}_1+\boldsymbol{r}_2=\begin{pmatrix}3\\4\\7\end{pmatrix}+\begin{pmatrix}2\\0\\5\end{pmatrix}=\begin{pmatrix}3+2\\4+0\\7+5\end{pmatrix}=\begin{pmatrix}5\\4\\12\end{pmatrix}$$

$$3\boldsymbol{r}_1-2\boldsymbol{r}_2=3\begin{pmatrix}3\\4\\7\end{pmatrix}-2\begin{pmatrix}2\\0\\5\end{pmatrix}=\begin{pmatrix}3\times3-2\times2\\3\times4-2\times0\\3\times7-2\times5\end{pmatrix}=\begin{pmatrix}5\\12\\11\end{pmatrix}$$

这些结果可在直角坐标系中按比例画出相应向量进行一一验证。

按向量的运算规则，可以得出 $\boldsymbol{r}=\begin{pmatrix}x\\y\\z\end{pmatrix}=\begin{pmatrix}1\\0\\0\end{pmatrix}x+\begin{pmatrix}0\\1\\0\end{pmatrix}y+\begin{pmatrix}0\\0\\1\end{pmatrix}z=x\boldsymbol{e}_x+y\boldsymbol{e}_y+z\boldsymbol{e}_z$，其中 $\boldsymbol{e}_x=\begin{pmatrix}1\\0\\0\end{pmatrix}$，$\boldsymbol{e}_y=\begin{pmatrix}0\\0\\1\end{pmatrix}$，$\boldsymbol{e}_z=\begin{pmatrix}0\\0\\1\end{pmatrix}$ 是单位向量的数列或分量表示式。

一般地，n 个有序数 a_1，a_2，…，a_n 排成的数组称为 n 维列向量，简称 n 维向量，用黑斜体的字母记为

$$\boldsymbol{a}=\begin{pmatrix}a_1\\a_2\\\vdots\\a_n\end{pmatrix}$$

其中，a_i 称为向量 $\boldsymbol{a}$ 的第 i 个分量，$i=1,\ 2,\ \cdots,\ n$。分量全为零的向量称为零向量，否则称为非零向量。向量 $\boldsymbol{a}$ 的转置向量 $\boldsymbol{a}^{\mathrm{T}}=(a_1,\ a_2,\ \cdots,\ a_n)$ 称为行向量。

显然，n 维向量的全体构成一个集合。若分量为实数，用 $\mathbf{R}^n$ 表示该集合；若分量为复数，则用 $\mathbf{C}^n$ 表示该集合。n 维向量同三维向量类似，本书仅使用相等、相加(减)和数乘三种运算。关于向量的长度及点乘、叉乘等运算，有兴趣的读者可参阅相关书籍。

利用 n 维向量的运算规则，我们可以将方程式(1-2)写为如下形式：

$$\begin{pmatrix}-1\\0\\0\\0\\1\end{pmatrix}i_1+\begin{pmatrix}-1\\1\\0\\0\\0\end{pmatrix}i_2+\begin{pmatrix}0\\-1\\1\\0\\0\end{pmatrix}i_3+\begin{pmatrix}0\\-1\\0\\1\\0\end{pmatrix}i_4+\begin{pmatrix}0\\0\\-1\\1\\0\end{pmatrix}i_5+\begin{pmatrix}0\\0\\-1\\0\\1\end{pmatrix}i_6+\begin{pmatrix}0\\0\\0\\-1\\1\end{pmatrix}i_7=0$$

或者

$$i_1\boldsymbol{a}_1+i_2\boldsymbol{a}_2+i_3\boldsymbol{a}_3+i_4\boldsymbol{a}_4+i_5\boldsymbol{a}_5+i_6\boldsymbol{a}_6+i_7\boldsymbol{a}_7=0$$

其中

$$\boldsymbol{a}_1=\begin{pmatrix}-1\\0\\0\\0\\1\end{pmatrix},\ \boldsymbol{a}_2=\begin{pmatrix}-1\\1\\0\\0\\0\end{pmatrix},\ \boldsymbol{a}_3=\begin{pmatrix}0\\-1\\1\\0\\0\end{pmatrix},\ \boldsymbol{a}_4=\begin{pmatrix}0\\-1\\0\\1\\0\end{pmatrix},\ \boldsymbol{a}_5=\begin{pmatrix}0\\0\\-1\\1\\0\end{pmatrix},\ \boldsymbol{a}_6=\begin{pmatrix}0\\0\\-1\\0\\1\end{pmatrix},\ \boldsymbol{a}_7=\begin{pmatrix}0\\0\\0\\-1\\1\end{pmatrix}$$

对于例 1-1 中的方程组，也可用向量的形式表示为

$$\begin{pmatrix}1\\\mu-1\\-\mu\end{pmatrix}I_1+\begin{pmatrix}-1\\-1\\1\end{pmatrix}I_2+\begin{pmatrix}-1\\0\\-2\end{pmatrix}I_3=\begin{pmatrix}0\\-5\\U_s\end{pmatrix}$$

或者

$$I_1\boldsymbol{a}_1+I_2\boldsymbol{a}_2+I_3\boldsymbol{a}_3=\boldsymbol{b}$$

其中

$$\boldsymbol{a}_1=\begin{pmatrix}1\\\mu-1\\-\mu\end{pmatrix},\ \boldsymbol{a}_2=\begin{pmatrix}-1\\-1\\1\end{pmatrix},\ \boldsymbol{a}_3=\begin{pmatrix}-1\\0\\-2\end{pmatrix},\ \boldsymbol{b}=\begin{pmatrix}0\\-5\\U_s\end{pmatrix}$$

一般地，对于含 n 个未知量 x_1，x_2，…，x_n 的方程组：

$$\begin{cases}a_{11}x_1+a_{12}x_2+\cdots+a_{1n}x_n=b_1\\a_{21}x_1+a_{22}x_2+\cdots+a_{2n}x_n=b_2\\\cdots\cdots\cdots\cdots\\a_{m1}x_1+a_{m2}x_2+\cdots+a_{mn}x_n=b_m\end{cases}\tag{1-5}$$

可以写为向量表示的方程组：

$$x_1\boldsymbol{a}_1+x_2\boldsymbol{a}_2+\cdots+x_n\boldsymbol{a}_n=\boldsymbol{b}\tag{1-6}$$

其中

$$\boldsymbol{a}_1=\begin{pmatrix}a_{11}\\a_{21}\\\vdots\\a_{m1}\end{pmatrix},\ \boldsymbol{a}_2=\begin{pmatrix}a_{12}\\a_{22}\\\vdots\\a_{m2}\end{pmatrix},\ \cdots,\ \boldsymbol{a}_n=\begin{pmatrix}a_{1n}\\a_{2n}\\\vdots\\a_{mn}\end{pmatrix},\ \boldsymbol{b}=\begin{pmatrix}b_1\\b_2\\\vdots\\b_m\end{pmatrix}$$

是 $(n+1)$ 个 m 维向量。

特别地，称 $\boldsymbol{a}_1$，$\boldsymbol{a}_2$，…，$\boldsymbol{a}_n$ 为系数向量，称 $\boldsymbol{b}$ 为常数向量。未知量 x_1，x_2，…，x_n 可用 n 维向量表示为

$$\boldsymbol{x}=\begin{pmatrix} x_1 \\ x_2 \\ \vdots \\ x_n \end{pmatrix}$$

称之为未知量向量或解向量。

在三维空间，定义向量 $\boldsymbol{e}_1=\begin{pmatrix}1\\0\\0\end{pmatrix}$，$\boldsymbol{e}_2=\begin{pmatrix}0\\1\\0\end{pmatrix}$，$\boldsymbol{e}_3=\begin{pmatrix}0\\0\\1\end{pmatrix}$，则任意三维向量 $\boldsymbol{a}=\begin{pmatrix}a_1\\a_2\\a_3\end{pmatrix}$ 可以表示为 $\boldsymbol{a}=\begin{pmatrix}a_1\\a_2\\a_3\end{pmatrix}=a_1\begin{pmatrix}1\\0\\0\end{pmatrix}+a_2\begin{pmatrix}0\\1\\0\end{pmatrix}+a_3\begin{pmatrix}0\\0\\1\end{pmatrix}=a_1\boldsymbol{e}_1+a_2\boldsymbol{e}_2+a_3\boldsymbol{e}_3$。称向量 $\boldsymbol{e}_1=\begin{pmatrix}1\\0\\0\end{pmatrix}$，$\boldsymbol{e}_2=\begin{pmatrix}0\\1\\0\end{pmatrix}$，$\boldsymbol{e}_3=\begin{pmatrix}0\\0\\1\end{pmatrix}$ 为三维标准单位向量。

若向量 $\boldsymbol{a}=\begin{pmatrix}a_1\\a_2\\a_3\end{pmatrix}=x_1\begin{pmatrix}a_{11}\\a_{21}\\a_{31}\end{pmatrix}+x_2\begin{pmatrix}a_{12}\\a_{22}\\a_{32}\end{pmatrix}+x_3\begin{pmatrix}a_{13}\\a_{23}\\a_{33}\end{pmatrix}$，当 $\boldsymbol{a}$ 为非零向量时，方程组

$$\begin{cases} a_{11}x_1+a_{12}x_2+a_{13}x_3=a_1 \\ a_{21}x_1+a_{22}x_2+a_{23}x_3=a_2 \\ a_{31}x_1+a_{32}x_2+a_{33}x_3=a_3 \end{cases}$$

有唯一解，则称向量

$$\boldsymbol{\xi}_1=\begin{pmatrix}a_{11}\\a_{21}\\a_{31}\end{pmatrix},\quad \boldsymbol{\xi}_2=\begin{pmatrix}a_{12}\\a_{22}\\a_{32}\end{pmatrix},\quad \boldsymbol{\xi}_3=\begin{pmatrix}a_{13}\\a_{23}\\a_{33}\end{pmatrix}$$

为三维基向量。它与三维单位向量 $\boldsymbol{e}_1$、$\boldsymbol{e}_2$、$\boldsymbol{e}_3$ 一样，可以将任意三维向量 $\boldsymbol{b}=\begin{pmatrix}b_1\\b_2\\b_3\end{pmatrix}$ 表示为 $\boldsymbol{b}=b_1\boldsymbol{\xi}_1+b_2\boldsymbol{\xi}_2+b_3\boldsymbol{\xi}_3$，其中，$b_1$、$b_2$、$b_3$ 是唯一确定的常数。在 n 维空间，类似地可以定义 n 维单位向量 $\boldsymbol{e}_1$，$\boldsymbol{e}_2$，…，$\boldsymbol{e}_n$ 和 n 维基向量 $\boldsymbol{\xi}_1$，$\boldsymbol{\xi}_2$，…，$\boldsymbol{\xi}_n$。

从中学所学代数学知道，两个整数进行加(减)运算的结果仍为整数，但两个整数的除法运算结果不一定是整数，所以在整数范围内除法不是永远可以实施的运算。在有理数和实数范围内，加(减)法、乘法和除法(除数不为零)运算的结果仍分别是有理数和实数。由此，代数学中定义了数环和数域这两种代数学系统。

定义 1-1 设 S 是某数集的一个非空子集，如果对于 S 中的两个数 a 和 b 来说，

$a+b$，$a-b$，ab 都在 S 内，那么就称 S 是一个数环。

例如上面提到的整数集，有理数集和实数集都是数环，复数集也是数环。

定义 1-2　设 F 是一个数环，如果：①F 含有一个不等于零的数；②如果两个数 a，$b\in F$ 且 $b\neq 0$ 时 $\dfrac{a}{b}\in F$，那么就称 F 是一个数域。

例如有理数集和实数集都是数域，复数集也是数域，但整数集不是数域。

从数环和数域的定义可以看出，数环是满足加法运算和乘法运算封闭性的一种代数系统，而数域则是满足加法运算、乘法运算和除法运算封闭性的一种代数系统。对于由 m 个分量构成的向量集合，当 $m=1$ 时，向量集合等同于数集，所以可以是数环，也可以是数域；当 $m\geqslant 2$ 时，向量的乘法运算和除法运算不能进行，所以既不是数环，也不是数域。但是，两个 m 维向量相加仍是 m 维向量；非零数乘以 m 维向量仍是 m 维向量，于是出现了线性代数系统，即把带有加法运算和数乘运算封闭性的向量集合称为一种线性代数系统。显然，实数、复数集合是线性代数系统。下面要讨论的矩阵集合也是一种线性代数系统。

在线性代数系统中，任意选取 n 个 m 维向量 $\boldsymbol{a}_1$，$\boldsymbol{a}_2$，…，$\boldsymbol{a}_n$ 作为 n 个未知量 x_1，x_2，…，x_n 的系数向量，再选取一个 m 维向量 $\boldsymbol{b}$ 作为常数向量，则可构成式(1-5)或式(1-6)的方程组，称其为线性方程组，因为这些向量都来自 m 维的向量集合(即线性代数系统)。从例 1-2 可知，该方程组的解是否存在、唯一解的表示和无穷多解的构成等都与向量有关，而这些问题的解决正是线性代数学的主要内容。为了对这些问题有初步的认识，这里先对向量组 $\boldsymbol{a}_1$，$\boldsymbol{a}_2$，…，$\boldsymbol{a}_n$，$\boldsymbol{b}$ 的线性相关性进行简要讨论。

首先，线性代数系统中 m 维向量有无穷多个，这无穷多个向量的分量若设为实数，则称为实向量。而任意两个实向量相加，其结果仍为该系统的实向量，因此在这无穷多个向量中一定存在一个实向量与两个实向量相加得到的实向量相对应，把这一特性称为加法运算的封闭性；另外，一个非零实数乘以该系统中的一个实向量，所得结果仍为该系统中的实向量，因此存在一个实向量与非零数乘以一个实向量相对应，把这一特性称为数乘运算的封闭性。

但是，从无穷多个 m 维实向量中任意选取一部分向量构成一个向量组 $\boldsymbol{a}_1$，$\boldsymbol{a}_2$，…，$\boldsymbol{a}_n$，$\boldsymbol{b}$，则该向量组的向量之间并不一定存在加法运算或数乘运算的封闭性。即使存在，也总是局限于其中的部分向量之间。

若设 $\boldsymbol{a}_1$，$\boldsymbol{a}_2$，…，$\boldsymbol{a}_n$，$\boldsymbol{b}$ 为非零实向量，则当其中的两向量之间存在比例关系(或数乘关系)时，如 $\boldsymbol{a}_2=k_1\boldsymbol{a}_1$，$k_3\boldsymbol{a}_3=k\,\boldsymbol{b}$，其中 k，k_1，k_3 为非零实常数，则称这两个向量之间存在线性齐次性关系，简称齐次性；当其中的两个向量之和等于某个向量(相加关系)时，如 $\boldsymbol{a}_5+\boldsymbol{a}_6=\boldsymbol{a}_4$，$\boldsymbol{a}_8+\boldsymbol{a}_9=\boldsymbol{b}$，称这三个向量之间存在线性叠加性关系，简称叠加性。

一般地，若向量组 $\boldsymbol{a}_1$，$\boldsymbol{a}_2$，…，$\boldsymbol{a}_n$，$\boldsymbol{b}$ 中的向量之间存在齐次性、或存在叠加性、或齐次性和叠加性共存，如 $\boldsymbol{a}_2=k_1\boldsymbol{a}_1$，或 $\boldsymbol{a}_8+\boldsymbol{a}_9=\boldsymbol{b}$，或 $\boldsymbol{a}_3=k_8\boldsymbol{a}_8+(-k_9)\boldsymbol{a}_9$，则称向量组的向量之间存在线性关系，简称该向量组线性相关。若向量组 $\boldsymbol{a}_1$，$\boldsymbol{a}_2$，…，$\boldsymbol{a}_n$，$\boldsymbol{b}$ 中的向量之间既不存在齐次性，也不存在叠加性，则称向量组的向量之间不存在线性关系，简称该向量组线性无关。向量组线性相关和向量组线性无关合称向量组的线性相关性。

值得指出的是，零向量自身是线性相关的；零向量与非零向量组成的向量组也是线性相关的。

前述例 1-1 中的方程组可以写为向量形式，系数向量$\boldsymbol{a}_1$，$\boldsymbol{a}_2$，$\boldsymbol{a}_3$和常数向量$\boldsymbol{b}$为

$$\boldsymbol{a}_1=\begin{pmatrix}1\\ \mu-1\\ -\mu\end{pmatrix},\quad \boldsymbol{a}_2=\begin{pmatrix}-1\\ -1\\ 1\end{pmatrix},\quad \boldsymbol{a}_3=\begin{pmatrix}-1\\ 0\\ -2\end{pmatrix},\quad \boldsymbol{b}=\begin{pmatrix}0\\ -5\\ U_s\end{pmatrix}$$

当$\mu\neq\frac{5}{2}$时，例如取 $\mu=2$时，得

$$\boldsymbol{a}_1=\begin{pmatrix}1\\ 1\\ -2\end{pmatrix},\quad \boldsymbol{a}_2=\begin{pmatrix}-1\\ -1\\ 1\end{pmatrix},\quad \boldsymbol{a}_3=\begin{pmatrix}-1\\ 0\\ -2\end{pmatrix}$$

这时，$\boldsymbol{a}_1$、$\boldsymbol{a}_2$、$\boldsymbol{a}_3$之间既不存在齐次性，也不存在叠加性，即$\boldsymbol{a}_1$、$\boldsymbol{a}_2$、$\boldsymbol{a}_3$线性无关，此时I_1、I_2、I_3有唯一解。

当$\mu=\frac{5}{2}$，$U_s\neq 15$时，假设取 $U_s=10$时，得

$$\boldsymbol{a}_1=\begin{pmatrix}1\\ \frac{3}{2}\\ -\frac{5}{2}\end{pmatrix},\quad \boldsymbol{a}_2=\begin{pmatrix}-1\\ -1\\ 1\end{pmatrix},\quad \boldsymbol{a}_3=\begin{pmatrix}-1\\ 0\\ -2\end{pmatrix},\quad \boldsymbol{b}=\begin{pmatrix}0\\ -5\\ 10\end{pmatrix}$$

有$2\boldsymbol{a}_1+3\boldsymbol{a}_2=\boldsymbol{a}_3$，即$\boldsymbol{a}_1$、$\boldsymbol{a}_2$、$\boldsymbol{a}_3$线性相关，但由于$\boldsymbol{a}_1$、$\boldsymbol{a}_2$、$\boldsymbol{b}$线性无关，因此$I_1$、$I_2$、$I_3$无解。

当$\mu=\frac{5}{2}$，$U_s=15$时，得

$$\boldsymbol{a}_1=\begin{pmatrix}1\\ \frac{3}{2}\\ -\frac{5}{2}\end{pmatrix},\quad \boldsymbol{a}_2=\begin{pmatrix}-1\\ -1\\ 1\end{pmatrix},\quad \boldsymbol{a}_3=\begin{pmatrix}-1\\ 0\\ -2\end{pmatrix},\quad \boldsymbol{b}=\begin{pmatrix}0\\ -5\\ 15\end{pmatrix}$$

这时有$2\boldsymbol{a}_1+3\boldsymbol{a}_2=\boldsymbol{a}_3$，即$\boldsymbol{a}_1$、$\boldsymbol{a}_2$、$\boldsymbol{a}_3$线性相关，而$\boldsymbol{b}=-10(\boldsymbol{a}_1+\boldsymbol{a}_2)$即$\boldsymbol{a}_1$、$\boldsymbol{a}_2$、$\boldsymbol{a}_3$、$\boldsymbol{b}$也线性相关，$I_1$、$I_2$、$I_3$有无穷多解。

可见，线性方程组解的存在性、解的表示、解的结构等问题均与组成方程组的系数向量$\boldsymbol{a}_1$，$\boldsymbol{a}_2$，…，$\boldsymbol{a}_n$和常数向量$\boldsymbol{b}$关系密切，特别是与向量组$\boldsymbol{a}_1$，$\boldsymbol{a}_2$，…，$\boldsymbol{a}_n$，$\boldsymbol{b}$的线性相关性直接相关联。本书基本是围绕向量组的线性相关性对问题展开讨论。

1.2.2　复数及其运算

定义 1-3　一个复数 A 用代数形式表示为 $A = a_1 + \mathrm{j}a_2$，式中称 $\mathrm{j} = \sqrt{-1}$ 为虚单位①，$a_1 \in \mathbf{R}$，$a_2 \in \mathbf{R}$，且 a_1 称为 A 的实部，a_2 称为 A 的虚部。当 A 仅有实部时，称为实数，当 A 仅有虚部时，称为虚数。

复数 A 可在称为复平面的坐标系上直观表示，如图 1-2 所示。复平面的横轴称为实轴，以实数 1 为单位长度；纵轴称为虚轴，以虚数 j 为单位长度。显然，复数的实部是在实轴上的投影值，虚部是在虚轴上的投影值。这与笛卡儿平面直角坐标系上的向量类似，所以两个复数的和在复平面上可用平行四边形法则合成。

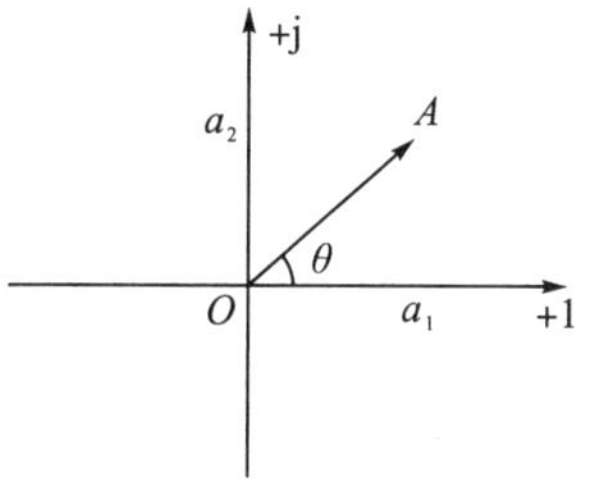

图 1-2　复平面

另外，在图 1-2 中将 O、A 两点联通，称线段 OA 的长度为复数 A 的模或幅值，记为 $|A|$，显然 $A = |A|(\cos\theta + \mathrm{j}\sin\theta)$，其中 $|A| = \sqrt{a_1^2 + a_2^2}$，$\tan\theta = \dfrac{a_2}{a_1}$，$\theta$ 称为复数的辐角。根据著名的欧拉公式 $\mathrm{e}^{\mathrm{j}\theta} = \cos\theta + \mathrm{j}\sin\theta$，可将复数 A 写为指数形式 $A = |A|\mathrm{e}^{\mathrm{j}\theta}$。

复平面同平面直角坐标系类似，也被划分为四个象限。一、三象限称为左平面，若不包含虚轴则称左半开平面；二、四象限称为右平面。计算得出的辐角一般冠以正负号区分所在象限。本书中规定，辐角在一、二象限用 0° ～ 180° 表示，辐角在三、四象限用 -180° ～ 0° 表示。

例 1-4　将复数 $A_1 = -2 + \mathrm{j}2\sqrt{3}$ 和 $A_2 = -3 - \mathrm{j}3$ 表示为三角函数式和指数式。

解　对于 $A_1 = -2 + \mathrm{j}2\sqrt{3}$，可求得

$$|A_1| = \sqrt{(-2)^2 + (2\sqrt{3})^2} = 4$$

$$\tan\theta_1 = \frac{2\sqrt{3}}{-2} = -\sqrt{3},\quad \theta_1 = 120^\circ$$

所以，三角函数式为

① 数学书籍中通常用 $\mathrm{i} = \sqrt{-1}$ 表示虚单位，但在本书中容易与电流符号 i 混淆，所以使用 $\mathrm{j} = \sqrt{-1}$ 表示虚单位。

$$A_1 = |A_1|(\cos\theta_1 + \mathrm{j}\sin\theta_1)$$
$$= 4(\cos 120^\circ + \mathrm{j}\sin 120^\circ)$$

指数式为

$$A_1 = |A_1|\mathrm{e}^{\mathrm{j}\theta_1} = 4\mathrm{e}^{\mathrm{j}120^\circ}$$

对于 $A_2 = -3 - \mathrm{j}3$，可求得

$$|A_2| = \sqrt{(-3)^2 + (-3)^2} = 3\sqrt{2}$$

$$\tan\theta_2 = \frac{-3}{-3} = 1,\quad \theta_2 = -135^\circ$$

所以，三角函数式为

$$A_2 = |A_2|(\cos\theta_2 + \mathrm{j}\sin\theta_2)$$
$$= 3\sqrt{2}(\cos 135^\circ - \mathrm{j}\sin 135^\circ)$$

指数式为

$$A_2 = |A_2|\mathrm{e}^{\mathrm{j}\theta_2} = 3\sqrt{2}\mathrm{e}^{-\mathrm{j}135^\circ}$$

另外，1表示实轴，j表示虚轴，j1则表示实轴的正向逆时针旋转90°变为了虚轴的正向；而$-$j1则表示实轴正向顺时针旋转90°变为了虚轴负向，所以称虚单位j为90°旋转因子。这对于电感元件和电容元件来说特别重要，因为他们的电压电流关系为一阶微分关系。若设电流为正弦量，则电感电压的相位与电流相位相差90°，而电容电压的相位与电流相位则相差-90°，这正好可以用j和$-$j分别表示。

复数的运算除加法、减法、乘法和除法外，还经常用到相等和共轭两种运算。设有复数

$$A_1 = a_{11} + \mathrm{j}a_{12}$$
$$= |A_1|(\cos\theta_1 + \mathrm{j}\sin\theta_1) = |A_1|\mathrm{e}^{\mathrm{j}\theta_1}$$
$$A_2 = a_{21} + \mathrm{j}a_{22}$$
$$= |A_2|(\cos\theta_2 + \mathrm{j}\sin\theta_2) = |A_2|\mathrm{e}^{\mathrm{j}\theta_2}$$

其中，$|A_1| = \sqrt{a_{11}^2 + a_{12}^2}$，$\tan\theta_1 = \dfrac{a_{12}}{a_{11}}$；

$|A_2| = \sqrt{a_{21}^2 + a_{22}^2}$，$\tan\theta_2 = \dfrac{a_{22}}{a_{21}}$。

(1) 相等。当且仅当两复数A_1、A_2的实部相等，虚部也相等时，两复数相等，即当且仅当$a_{11} = a_{21}$，$a_{12} = a_{22}$时，$A_1 = A_2$。

若使用三角函数表示两复数相等，则$|A_1| = |A_2|$，$\theta_1 = \theta_2 + 2n\pi$，$n = 1, 2, \cdots$。

(2) 加(减)运算。两复数A_1、A_2相加(减)等于各自的实部与实部相加(减)，虚部与虚部相加(减)，即

$$A_1 \pm A_2 = (a_{11} \pm a_{21}) + \mathrm{j}(a_{12} \pm a_{22})$$

或者 $A_1 \pm A_2 = (|A_1|\cos\theta_1 \pm |A_2|\cos\theta_2) + \mathrm{j}(|A_1|\sin\theta_1 \pm |A_2|\sin\theta_2)$。

利用复数的运算规则，可以简化正弦激励交流电路中电压电流的分析计算。复数的

相等和加减运算可用于复阻抗的串联等效运算，还可用于两个同频率的正弦电流或正弦电压的加(减)运算。中学已经知道，正弦量有三要素即振幅、频率和初相位，但当频率相同时，例如市电电路，则只有振幅和相位两个要素，若用复数来表示这两个要素，则电压、电流的加(减)运算将得到简化。而复数可以表示在复平面上，且两个复数相加(减)可以使用平行四边形法则进行合成，能够直观看出两个正弦量加(减)后的振幅和相位。另外，利用复数的乘法和除法运算还可将电感、电容的电压电流关系(微分关系)表示为复数形式。这就通过求解复数的代数方程组便能得到正弦激励稳态电路的电压电流，而不需要求解微分方程。

例 1-5　已知正弦电流 $i_1(t)=I_{1m}\sin(\omega t+\varphi_1)$，$i_2(t)=I_{2m}\sin(\omega t+\varphi_2)$，计算 $i_1(t)+i_2(t)$。用复数 $\dot{I}_{1m}=I_{1m}\mathrm{e}^{\mathrm{j}\varphi_1}$，$\dot{I}_{2m}=I_{2m}\mathrm{e}^{\mathrm{j}\varphi_2}$ 分别表示 $i_1(t)$，$i_2(t)$，求两个复数的和 $\dot{I}_{1m}+\dot{I}_{2m}$ 并与 $i_1(t)+i_2(t)$ 的结果进行比较。

解　① $i_1(t)+i_2(t)$。

$$
\begin{aligned}
i_1(t)+i_2(t) &= I_{1m}\sin(\omega t+\varphi_1)+I_{2m}\sin(\omega t+\varphi_2)\\
&=(I_{1m}\cos\varphi_1+I_{2m}\cos\varphi_2)\sin\omega t+(I_{1m}\sin\varphi_1+I_{2m}\sin\varphi_2)\cos\omega t\\
&=I_m\sin(\omega t+\varphi)
\end{aligned}
$$

其中，$I_m=\sqrt{(I_{1m}\cos\varphi_1+I_{2m}\cos\varphi_2)^2+(I_{1m}\sin\varphi_1+I_{2m}\sin\varphi_2)^2}$；

$\tan\varphi=\dfrac{I_{1m}\sin\varphi_1+I_{2m}\sin\varphi_2}{I_{1m}\cos\varphi_1+I_{2m}\cos\varphi_2}$。

② $\dot{I}_{1m}+\dot{I}_{2m}$。

$$
\begin{aligned}
\dot{I}_{1m}+\dot{I}_{2m} &= I_{1m}\mathrm{e}^{\mathrm{j}\varphi_1}+I_{2m}\mathrm{e}^{\mathrm{j}\varphi_2}\\
&=(I_{1m}\cos\varphi_1+I_{2m}\cos\varphi_2)+\mathrm{j}(I_{1m}\sin\varphi_1+I_{2m}\sin\varphi_2)\\
&=I_m\mathrm{e}^{\mathrm{j}\varphi}
\end{aligned}
$$

其中，$I_m=\sqrt{(I_{1m}\cos\varphi_1+I_{2m}\cos\varphi_2)^2+(I_{1m}\sin\varphi_1+I_{2m}\sin\varphi_2)^2}$；

$\tan\varphi=\dfrac{I_{1m}\sin\varphi_1+I_{2m}\sin\varphi_2}{I_{1m}\cos\varphi_1+I_{2m}\cos\varphi_2}$；

$I_{\mathrm{m}}\mathrm{e}^{\mathrm{j}\varphi}$ 对应的电流为 $i(t)=I_{\mathrm{m}}\sin(\omega t+\varphi)$。

③比较。

二者所得振幅和初相位一致。前者计算过程相对后者较冗繁。因为频率不变，后者得到复数结果后只需对应写出正弦量的振幅和初相位。另外，后者用复数表示后可在复平面上直接按比例用平行四边形法则进行合成，从而可直观地得出 I_m 和 φ。

(3) 共轭运算。两个复数若实部等值同号，虚部等值异号，则称这两个复数为共轭复数。一般用 A^* 表示复数 A 的共轭复数。若设 $A=a_1+\mathrm{j}a_2$，则称 $A^*=a_1-\mathrm{j}a_2$ 为复数 A 的共轭运算。显然 A 与 A^* 互为共轭运算。

容易验证，$A^*\cdot A=a_1^2+a_2^2$。利用该结果可将分母为复数时变换为实数。另外，还可利用欧拉公式和共轭运算将一对共轭复数变换为两个实数。例如，已知共轭复数 $|A|\mathrm{e}^{\mathrm{j}\theta}$ 和 $|A|\mathrm{e}^{-\mathrm{j}\theta}$，则 $\dfrac{1}{2}(|A|\mathrm{e}^{\mathrm{j}\theta}+|A|\mathrm{e}^{-\mathrm{j}\theta})=|A|\cos\theta$ 和 $\dfrac{1}{2\mathrm{j}}(|A|\mathrm{e}^{\mathrm{j}\theta}-|A|\mathrm{e}^{-\mathrm{j}\theta})=|A|\sin\theta$ 为两个实数。

(4)乘法运算。两个复数 A_1，A_2 相乘满足分配律、结合律和交换律，即

$$A_1 \cdot A_2 = (a_{11} + ja_{12})(a_{21} + ja_{22})$$
$$= (a_{11}a_{21} - a_{12}a_{22}) + j(a_{11}a_{22} + a_{12}a_{21})$$

可见，两个复数相乘其结果仍为复数。若用复数的指数式进行乘法运算则得

$$A_1 \cdot A_2 = |A_1|\mathrm{e}^{\mathrm{j}\theta_1} \cdot |A_2|\mathrm{e}^{\mathrm{j}\theta_2}$$
$$= |A_1| \cdot |A_2|\mathrm{e}^{\mathrm{j}(\theta_1+\theta_2)}$$
$$= \sqrt{a_{11}^2 + a_{12}^2} \cdot \sqrt{a_{21}^2 + a_{22}^2}\ \mathrm{e}^{\mathrm{j}\left(\arctan\frac{a_{12}}{a_{11}} + \arctan\frac{a_{22}}{a_{21}}\right)}$$

(5)除法运算。

$$\frac{A_1}{A_2} = \frac{(a_{11} + \mathrm{j}a_{12})}{(a_{21} + \mathrm{j}a_{22})}$$
$$= \frac{(a_{11} + \mathrm{j}a_{12})(a_{21} - \mathrm{j}a_{22})}{(a_{21} + \mathrm{j}a_{22})(a_{21} - \mathrm{j}a_{22})}$$
$$= \frac{(a_{11}a_{21} + a_{12}a_{22})}{a_{21}^2 + a_{22}^2} + \mathrm{j}\frac{(a_{12}a_{21} - a_{11}a_{22})}{a_{21}^2 + a_{22}^2}$$

可见，两个复数相除其结果仍为复数。若用复数的指数式进行除法运算得

$$\frac{A_1}{A_2} = \frac{|A_1|\mathrm{e}^{\mathrm{j}\theta_1}}{|A_2|\mathrm{e}^{\mathrm{j}\theta_2}} = \frac{|A_1|}{|A_2|}\mathrm{e}^{\mathrm{j}(\theta_1-\theta_2)}$$
$$= \frac{\sqrt{a_{11}^2 + a_{12}^2}}{\sqrt{a_{21}^2 + a_{22}^2}}\mathrm{e}^{\mathrm{j}\left(\arctan\frac{a_{12}}{a_{11}} - \arctan\frac{a_{22}}{a_{21}}\right)}$$

本小节的最后，我们简单讨论有关复向量的问题。n 个有序复数组成的数列称为 n 维复向量，n 维复向量的全体构成复向量集合。复向量集合中的复向量满足加法运算和数乘运算的封闭性，因此构成线性代数系统。其中任意 m 个复向量可组成复数的线性方程组，求解过程中需要解决的问题与实数的线性方程组类似，但复数线性方程组的求解对于解决正弦激励电路的特解或稳态解的计算较为简便。

1.2.3　一元多项式与部分分式

定义 1-4　一个文字或字母的一元多项式指形式为 $a_0 + a_1x + \cdots + a_nx^n$ 或 $a_nx^n + a_{n-1}x^{n-1} + \cdots + a_0$ 的表达式，这里 n 是非负整数，a_0，a_1，…，$a_n \in \mathbf{R}$。其中，a_0 为常数项，a_1x 为一次项，a_2x^2 为二次项，a_nx^n 为 n 次项或最高次项。

特别地，当 $a_0 \neq 0$ 时，称 a_0 为零次因式；当 $a_1 \neq 0$ 时，称 $a_1x + a_0$ 为一次因式；当 $a_2 \neq 0$ 时，称 $a_2x^2 + a_1x + a_0$ 为二次因式……当 $a_m \neq 0$ 时 $(m \leqslant n)$，称 $a_mx^m + a_{m-1}x^{m-1} + \cdots + a_0$ 为 m 次因式或一元 m 次多项式。线性电路中的多项式均为实系数一元 n 次多项式，简称多项式。由于实系数的多项式满足加法运算和数乘运算的封闭性，所以构成多项式线性系统，同时也构成多项式环，但只有能够整除的多项式才能构成多项式域。

多项式的根对于常系数线性微分方程的求解关系密切，而求根与多项式的因式分解有关。

定理 1-1　每一个次数$n>0$的多项式可以分解为一次因式的乘积或一次因式与二次因式的乘积，且如果不计零次因式的差异，则分解是唯一的。

例如，$x^2-a^2=(x+a)(x-a)$的分解是两个一次因式的乘积，且分解是唯一的。但若分解为$x^2-a^2=3(x+a)\cdot\frac{1}{3}(x-a)$，虽然出现了零次因式的差异，实际同上述因式分解结果完全一致，所以也是唯一的。又例如，$x^3+1=(x+1)(x^2-x+1)$被分解为一次因式和二次因式的乘积，分解也是唯一的。

应该指出，多项式的因式分解至今仍是数学难题。虽然定理 1-1 并未告知因式分解的方法，但明确指出了只要能求出一次因式的根和二次因式的根，便能得知多项式根的情况。这对于电路分析和设计来说意义重大，因为一阶电路对应一次因式，二阶电路对应二次因式，所以将一阶电路和二阶电路进行不同的串联、并联组合便可实现任意阶电路的功能。

定理 1-2　任何次数$n>0$的实系数多项式在复数域中有n个根。

该定理说明，多项式的根存在且有n个根。结合定理 1-1，若能进行因式分解，则能直接求出n个根；若难以进行因式分解，则可借助计算机软件求出近似根。

定理 1-3　若实系数多项式有一个非实的复数根p，则它的共轭复数p^*也是该多项式的根，且p是m重根，p^*也是m重根。

例 1-6　计算多项式　$f(x)=(x^3+1)(x^2+1)^2$的根。

解　对$f(x)$进行因式分解，得

$$f(x)=(x+1)(x-\frac{1+\mathrm{j}\sqrt{3}}{2})(x-\frac{1-\mathrm{j}\sqrt{3}}{2})(x+\mathrm{j}1)^2(x-\mathrm{j}1)^2$$

其中，$x_1=-1$，$x_2=\frac{1+\mathrm{j}\sqrt{3}}{2}$，$x_2^*=\frac{1-\mathrm{j}\sqrt{3}}{2}$为单根，且$x_2=\frac{1+\mathrm{j}\sqrt{3}}{2}$，$x_2^*=\frac{1-\mathrm{j}\sqrt{3}}{2}$为一对共轭复根；$x_{3,4}=-\mathrm{j}$，$x_{3,4}^*=\mathrm{j}$为二重根，且为二重共轭虚数根。

常系数微分方程$a_2\frac{\mathrm{d}^2y}{\mathrm{d}t^2}+a_1\frac{\mathrm{d}y}{\mathrm{d}t}+a_0y=0$的解由对应的特征多项式$f(p)=a_2p^2+a_1p+a_0$的根确定。即若能求得多项式$f(p)=0$的根$p_1$、$p_2$，便可将解$y(t)$表示为$y(t)=M_1\mathrm{e}^{p_1t}+M_2\mathrm{e}^{p_2t}$。其中，$M_1$、$M_2$为积分常数。

例 1-7　已知微分方程$\frac{\mathrm{d}^2y}{\mathrm{d}t^2}+3\frac{\mathrm{d}y}{\mathrm{d}t}+2y=0$，试求出$y(t)$。

解　该微分方程对应的特征多项式为

$$f(p)=p^2+3p+2$$

可求得其根为

$$p_1=-2，p_2=-1$$

所以

$$y(t)=M_1\mathrm{e}^{-2t}+M_2\mathrm{e}^{-t}$$

其中，M_1、M_2为积分常数。

本例题给出了在微分方程(1-4)中激励$f(t)=0$时，利用多项式的根求解微分方程的基

本思路。对于特征根为复数和重根的情形我们将在第4章详细地进行讨论。对于激励 $f(t)\neq 0$ 的情况，可以使用多种方式进行求解，本节将简要介绍利用有理分式分解为部分分式之和的方法进行查表求解。这也是拉普拉斯变换法的雏形。

为求解微分方程(1-4)，我们可以引入函数 $H(p)$，称为电路的系统函数，并根据微分方程(1-4)定义为

$$H(p)=\frac{b_m p^m + b_{m-1}p^{m-i}+\cdots+b_0}{a_n p^n + a_{n-1}p^{n-1}+\cdots+a_0} \tag{1-7}$$

因为在线性电路中，a_n, a_{n-1}, $\cdots$, a_0, b_m, b_{m-1}, $\cdots$, b_0 为实常数，且 $m\leqslant n$，所以 $H(p)$ 是有理分式。当 $m=n$ 时，$H(p)$ 是一个常数加上一个有理真分式；当 $m<n$ 时，$H(p)$ 是一个有理真分式。这里重点讨论有理真分式的部分分式展开问题。

所谓 $H(p)$ 的部分分式是指形如 $\frac{A_1}{p-p_1}$, $\frac{A_2}{(p-p_2)^2}$, $\frac{A_3}{(p-p_3)^3}$, $\cdots$, $\frac{A_n}{(p-p_n)^n}$ 这样的分式。其中，p_1 是多项式 $a_n p^n + a_{n-1}p^{n-1}+\cdots+a_0=0$ 的单根，p_2 是多项式 $a_n p^n + a_{n-1}p^{n-1}+\cdots+a_0=0$ 的二重根，p_3 是多项式 $a_n p^n + a_{n-1}p^{n-1}+\cdots+a_0=0$ 的三重根……p_n 是多项式的 n 重根。根据定理1-1，定理1-2，定理1-3，p_1, p_2, p_3, $\cdots$, p_n 可能为实数根，也可能为复数根，若为复数根则一定共轭成对出现。

定理1-4 有理真分式在复数域上等于部分分式的和。

对于某电路电压 $u(t)$ 满足的微分方程 $\frac{\mathrm{d}^2u}{\mathrm{d}t^2}+2\frac{\mathrm{d}u}{\mathrm{d}t}+u=\frac{\mathrm{d}^2f}{\mathrm{d}t^2}+\frac{\mathrm{d}f}{\mathrm{d}t}$，可以写出系统函数 $H(p)=\frac{p^2+p}{p^2+2p+1}$，这是一个有理分式，经过初等变形得到

$$\begin{aligned}H(p)&=\frac{p^2+p+1-1}{p^2+2p+1}\\&=1-\frac{1}{p^2+2p+1}\\&=1-\frac{1}{(p+1)^2}\end{aligned}$$

可见，有理分式首先被变换为常数1与有理真分式 $\frac{-1}{p^2+2p+1}$ 的和，然后有理真分式 $\frac{-1}{p^2+2p+1}$ 又被展开为部分分式 $\frac{-1}{(p+1)^2}$，且展开后的系数为 -1。

一般地，若 $a_n\neq 0$，为方便计算，设 $a_n=1$。对于特征多项式 $a_n p^n + a_{n-1}p^{n-1}+\cdots+a_0=0$ 的根为单根 p_1, p_2, $\cdots$, p_n 时，在 $m<n$ 情况下的真分式(1-7)可以展开为如下部分分式的和

$$\begin{aligned}H(p)&=\frac{b_m p^m + b_{m-1}p^{m-i}+\cdots+b_0}{p^n + a_{n-1}p^{n-1}+\cdots+a_0}\\&=\sum_{m=1}^{n}\frac{A_m}{p-p_m}\end{aligned} \tag{1-8}$$

其中，$A_m=(p-p_m)H(p)\big|_{p=p_m}$。

例 1-8　求分式$H(p)=\dfrac{p^3+p^2+2p+4}{p(p+1)(p^2+1)[(p+1)^2+1]}$的部分分式展开。

解　所给分式$H(p)$为有理真分式，且所有根为单根，可以按式(1-8)展开为部分分式。因为特征多项式$p(p+1)(p^2+1)[(p+1)^2+1]=0$的根为

$$p_1=0，\ p_2=-1，\ p_{3,4}=\pm\mathrm{j}，\ p_{5,6}=-1\pm\mathrm{j}$$

所以展成部分分式的结果为

$$H(p)=\frac{A_1}{p-p_1}+\frac{A_2}{p-p_2}+\frac{A_3}{p-p_3}+\frac{A_4}{p-p_4}+\frac{A_5}{p-p_5}+\frac{A_6}{p-p_6}$$

其中，$A_m=(p-p_m)H(p)\big|_{p=p_m}$，$m=1，2，3，4，5，6$。

具体为$A_1=(p-0)H(p)\big|_{p=0}=2$；

$A_2=[p-(-1)]H(p)\big|_{p=-1}=-1$；

$A_3=[p-(\mathrm{j}1)]H(p)\big|_{p=\mathrm{j}}=\dfrac{1}{2}\mathrm{j}$；

$A_4=[p-(-\mathrm{j}1)]H(p)\big|_{p=-\mathrm{j}}=-\dfrac{1}{2}\mathrm{j}$；

$A_5=[p-(-1+\mathrm{j}1)]H(p)\big|_{p=-1+\mathrm{j}}=\dfrac{1}{2}(1-\mathrm{j})$；

$A_6=[p-(-1-\mathrm{j}1)]H(p)\big|_{p=-1-\mathrm{j}}=\dfrac{1}{2}(1+\mathrm{j})$；

最后得　$H(p)=\dfrac{2}{p}+\dfrac{-1}{p+1}+\dfrac{\mathrm{j}}{2(p-\mathrm{j})}+\dfrac{-\mathrm{j}}{2(p+\mathrm{j})}+\dfrac{1-\mathrm{j}}{2(p+1-\mathrm{j})}+\dfrac{1+\mathrm{j}}{2(p-1+\mathrm{j})}$。

从计算结果可以看出，因$p_{3,4}=\pm\mathrm{j}1$共轭，A_3、A_4共轭；同样，p_5、p_6共轭，A_5、A_6也共轭。

若特征多项式有二重根，设为$p_{m1}=p_{m2}$，则与该二重根相对应的部分分式为$\dfrac{A_{m1}}{p-p_{m1}}+\dfrac{A_{m2}}{(p-p_{m2})^2}$，其中

$$A_{m1}=(p-p_{m1})^2H(p)\big|_{p=p_{m1}}$$

$$A_{m2}=\frac{d}{dp}[(p-p_{m1})^3H(p)]\big|_{p=p_{m1}}$$

对于特征多项式有更高重根的情况，有兴趣的读者可以参考相关资料。

应用部分分式展开，结合拉普拉斯变换法可以求解微分方程(1-4)的解。这里给出初始值为零情况下的一个简要求解说明。设电路系统的激励$f(t)$和输出$y(t)$的拉普拉斯变换分别为$f(p)$和$y(p)$，则$y(p)=H(p)f(p)$，若$f(p)$为有理分式，则$y(p)$也为有理分式，从而可将$y(p)$展开为部分分式之和，部分分式的拉普拉斯逆变换已被制成积分表，查表便可得到输出$y(p)$对应的$y(t)$。

例 1-9　电阻$R=3\Omega$、电感$L=1\mathrm{H}$和电容$C=0.5\mathrm{F}$串联后接于直流电源$u_s(t)=6\mathrm{V}$上。

试求电容电压$u_C(t)$的解。

解 在例 1-2 中已经求出$LC\frac{\mathrm{d}^2u_C}{\mathrm{d}t^2}+RC\frac{\mathrm{d}u_C}{\mathrm{d}t}+u_C=u_s$，代入已知数，得

$$\frac{\mathrm{d}^2u_C}{\mathrm{d}t^2}+3\frac{\mathrm{d}u_C}{\mathrm{d}t}+2u_C=12$$

对应的拉普拉斯方程为

$$u_C(p)=H(p)f(p)$$

其中，系统函数

$$H(p)=\frac{1}{p^2+3p+2}$$
$$=\frac{1}{(p+1)(p+2)}$$

而$f(t)=12\mathrm{V}$对应的拉普拉斯变换式为$f(p)=\frac{12}{p}$。

所以

$$u_C(p)=H(p)f(p)$$
$$=\frac{1}{p^2+3p+2}\cdot\frac{12}{p}$$

将$u_C(p)$展开为部分分式，得

$$u_C(p)=12(\frac{1}{p}+\frac{-2}{p+1}+\frac{1}{p+2})$$

查阅拉普拉斯逆变换表，得

$$u_C(t)=12(1-2\mathrm{e}^{-t}+\mathrm{e}^{-2t})$$

这就是动态元件电感L的初始值$i_L(0)=0$和电容C的初始值$u_C(0)=0$时电容电压$u_C(t)$的解。对于初始值为非零值时也可以用该方法求解，具体可参阅相关书籍。

1.3 正弦激励简单电路分析

在电路中电能的主要来源是电源和信号源，它们合称为激励。激励可以用理想电压源$u_s(t)$表示，也可以用理想电流源$i_s(t)$表示。对于电路中常见的周期激励可以用傅里叶级数表示为

$$u_s(t)=U_S+\sum_{k=1}^{\infty}U_{mk}\sin(k\omega t+\varphi_{uk})$$

或

$$i_s(t)=I_S+\sum_{k=1}^{\infty}I_{mk}\sin(k\omega t+\varphi_{ik})$$

其中，U_S、I_S为直流；U_{mk}、$k\omega$、φ_{uk}或者I_{mk}、$k\omega$、φ_{ik}为正弦电压或电流的三要素。正弦激励虽然有无穷多个，但形式相同，因此只需对其中一项选为代表作用于电路产生的响应

进行讨论即可。

简单电路是指利用电阻的串并联等效便可对电路中的未知电压和电流进行计算的电路。在正弦激励作用于线性电路足够长时间的情况下，通常将电路称为正弦激励稳态电路。这时，电路中的电压和电流均随时间按正弦规律变化。若激励的频率不变，则正弦量的三要素减少为两个要素，即振幅和初相位，因此正好可以用复数的指数形式表示。同时，由于频率不变，电感、电容对于正弦电流的阻碍作用也可用复数表征，称为复感抗和复容抗，从而元件的电压电流关系可表为复数形式。这样在复数运算的架构内参照中学所学电阻的串并联电路的计算方法便可解决正弦电压和电流的计算问题，进而就可以解决电功率和电能的计算问题。

1.3.1　元件电压电流关系的复数式

正弦激励稳态电路中设电压和电流分别为

$$u(t) = U_m \sin(\omega t + \varphi_u)$$

$$i(t) = I_m \sin(\omega t + \varphi_i)$$

在激励频率 ω 不变的情况下，电压 $u(t)$、电流 $i(t)$ 可分别表示为复数 $\dot{U}_m = U_m e^{j\varphi_u}$，$\dot{I}_m = I_m e^{j\varphi_i}$。这时，电感 L 对正弦电流的阻碍作用用复阻抗 Z_L 表示且 $Z_L = j\omega L$；电容 C 对正弦电流的阻碍作用用复阻抗 Z_C 表示且 $Z_C = \dfrac{1}{j\omega C} = -j \cdot \dfrac{1}{\omega C}$。

由于电阻对正弦电流的阻碍作用与频率无关，所以电阻 R 对正弦电流的阻碍作用仍然用电阻 R 表示。

这样，电阻元件、电感元件和电容元件的电压电流关系式 $u_R = Ri_R$、$u_L = L\dfrac{di_L}{dt}$ 和 $i_C = C\dfrac{du_C}{dt}$ 可用复数关系式 $\dot{U}_{Rm} = R\dot{I}_{Rm}$、$\dot{U}_{Lm} = Z_L\dot{I}_{Lm} = j\omega L\dot{I}_{Lm}$ 和 $\dot{U}_{Cm} = Z_C\dot{I}_{Cm} = \dfrac{1}{j\omega C}\dot{I}_{Cm}$ 代替。但需要注意，不是相等关系，因为复数仅表示正弦量的两个要素。

从复数的电压电流关系可以看出，可将电阻、电感和电容对正弦电流的阻碍作用等效为 R、Z_L 和 Z_C，它们都具有相同的单位欧姆，所以可以进行串联、并联等效。等效的结果一般用 Z 表示，并称为复阻抗，其实部称为阻，虚部称为抗。例如，电阻元件和电感元件串联，则等效复阻抗 $Z = R + j\omega L$，实部为阻 R，虚部为抗 ωL。再如，电阻、电感、电容串联，等效复阻抗为 $Z = R + j(\omega L - \dfrac{1}{\omega C})$，实部为阻 R，虚部为抗 $(\omega L - \dfrac{1}{\omega C})$。但虚部可能大于零，称为电感性负载；也可能小于零，称为电容性负载；也可能等于零，称为电阻性负载。对于并联所得复阻抗，亦可进行同样的讨论。

当一个正弦电压 $\dot{U}_m = U_m e^{j\varphi_u}$ 作用于由电阻、电感和电容组成的串联电路时，设两个串联复阻抗分别为 Z_1 和 Z_2，则流过 Z_1、Z_2 的电流为

$$\dot{I}_m = \frac{\dot{U}_m}{Z_1 + Z_2}$$

两个复阻抗的分电压为

$$\dot{I}_{1m}=\frac{Z_1\dot{U}_m}{Z_1+Z_2}, \quad \dot{I}_{2m}=\frac{Z_2\dot{U}_m}{Z_1+Z_2}$$

当一个正弦电压$\dot{U}_m=U_m\mathrm{e}^{\mathrm{j}\varphi_u}$作用于由电阻、电感和电容组成的并联电路时，设两个并联复阻抗分别为Z_1和Z_2，则流过Z_1、Z_2的电流分别为

$$\dot{I}_{1m}=\frac{\dot{U}_m}{Z_1}=\frac{Z_2\dot{U}_m}{Z_1+Z_2}, \quad \dot{I}_{2m}=\frac{\dot{U}_m}{Z_2}=\frac{Z_1\dot{U}_m}{Z_1+Z_2}$$

总电流为

$$\dot{I}_m=\dot{I}_{1m}+\dot{I}_{2m}=\frac{(Z_1+Z_2)\dot{U}_m}{Z_1Z_2}$$

这些公式与中学所学电阻的串联、并联的相应公式类似，不同之处是用复数计算，结果为正弦电压、电流的两个要素。

例 1-10 单相交流电源的负载由电容负载和电感性负载并联而成，求电源的等效负载。

解 设单相交流电源的频率为ω，则电容负载$Z_C=\dfrac{1}{\mathrm{j}\omega C}$，电感性负载$Z_L=R+\mathrm{j}\omega L$。

应用电阻串联/并联等效的原理，得等效复阻抗，即等效负载为

$$\begin{aligned}Z=Z_L\|Z_C&=\frac{Z_LZ_C}{Z_L+Z_C}\\&=\frac{(R+\mathrm{j}\omega L)\dfrac{1}{\mathrm{j}\omega C}}{(R+\mathrm{j}\omega L)+\dfrac{1}{\mathrm{j}\omega C}}\\&=\frac{R+\mathrm{j}\omega L}{\mathrm{j}\omega C(R+\mathrm{j}\omega L)+1}\\&=\frac{R+\mathrm{j}\omega L}{1-\omega^2LC+\mathrm{j}\omega RC}\\&=\frac{\sqrt{R^2+(\omega L)^2}\,\mathrm{e}^{\mathrm{j}\arctan\frac{\omega L}{R}}}{\sqrt{(1-\omega^2LC)^2+(\omega RC)^2}\,\mathrm{e}^{\mathrm{j}\arctan\frac{\omega RC}{1-\omega^2LC}}}\\&=\frac{\sqrt{R^2+(\omega L)^2}}{\sqrt{(1-\omega^2LC)^2+(\omega RC)^2}}\mathrm{e}^{\mathrm{j}\left(\arctan\frac{\omega L}{R}-\arctan\frac{\omega RC}{1-\omega^2LC}\right)}\end{aligned}$$

显然，该等效负载的实部为阻，始终大于零；而虚部为抗，可能大于零、小于零或等于零，即可能为电感性负载，可能为电容性负载，还可能为电阻性负载。因此，等效负载为何种性质，由复数的虚部，即抗决定。

解决了等效复阻抗的计算问题，根据复数的欧姆定律，在已知电压的情况下求出电流，或在已知电流的情况下求出电压。求出总电流或总电压后，便可求出其余所有的未知电压和电流。

1.3.2 强电简单电路

电路的作用主要有两个方面，一是传输和转换电能，通常称为强电电路；二是传递和处理信号，通常称为弱电电路。这里对具有强电简单电路代表意义的单相交流电路和具有弱电简单电路代表意义的滤波器电路进行分析。

单相交流电路的分析主要是在已知电源电压（$u_s(t)=\sqrt{2}U\sin(\omega t+\varphi_u)$）和负载有功功率 P、功率因数 $\cos\varphi$ 的条件下对线路的电流（$i(t)=\sqrt{2}I\sin(\omega t+\varphi_i)$）和功率（包括总有功功率、总无功功率、视在功率）等参数进行计算。

由 1.3.1 节可知，正弦激励简单电路是由电阻、复感抗和复容抗的串联、并联等效为复阻抗后与电源或信号源连接构成。因为等效复阻抗有阻和抗两部分，所以从能量或功率的角度也应分为两部分。阻的部分用有功功率描述，因为阻的部分始终大于零，所以有功功率始终大于零，其意义为消耗电能或使用电能；抗的部分用无功功率描述，大于零时表现为电感性，小于零时表现为电容性，等于零时表现为电阻性或谐振状态。其抗的意义为不消耗电能，但占用电能。视在功率用于描述电源提供的功率，包含有功功率和无功功率，但三者不是和差关系，而是勾股弦的直角三角形关系。

单相交流电源的负载通常为电感性负载，如动力用电动机负载和照明用日光灯负载，所以既存在有功功率，也存在无功功率，分别用 P 和 Q_L 表示。经过计算，有功功率和无功功率分别为

$$P=UI\cos\varphi$$

$$Q_L=UI\sin\varphi=P\tan\varphi$$

其中功率因数角 φ 等于电源电压 $u_s(t)$ 与未知电流 $i(t)$ 的相位差，即 $\varphi_u-\varphi_i=\varphi$。

这样，我们便能得出未知电流 $i(t)$ 的两个要素 $I=\dfrac{P}{U\cos\varphi}$ 和 $\varphi_i=\varphi_u-\varphi$。因为频率不变，所以未知电流被求出为 $i(t)=\dfrac{\sqrt{2}P}{U\cos\varphi}\sin(\omega t+\varphi_u-\varphi)$。其中，$U$、$I$ 分别为电压、电流的有效值。它们与最大值 U_m，I_m 的关系是 $U=U_m/\sqrt{2}$，$I=I_m/\sqrt{2}$。

另外，交流电路中使用电容器是为了补偿电感性负载对电源资源的占用。但不能补偿过度，因过度将造成电容性负载对电源资源的占用；也不宜补偿为零，因为这时将产生谐振过电压或过电流。

例 1-11　电压 $u_s(t)=220\sqrt{2}\sin(314t+75^\circ)\text{V}$ 的交流电源上接有常用的 40W 日光灯，其功率因数 $\cos\varphi=0.707$。求流过日光灯的电流。

解　根据单相交流电路的电流计算式，得

$$\begin{aligned}i(t)&=\frac{\sqrt{2}P}{U\cos\varphi}\sin(\omega t+\varphi_u-\varphi)\\&=\frac{\sqrt{2}\times 40}{220\times 0.707}\sin(314t+75^\circ-45^\circ)\\&=0.26\sqrt{2}\sin(314t+30^\circ)\text{A}\end{aligned}$$

这就是所求日光灯的电流。类似地，可求出交流电动机的电流。

1.3.3 弱电滤波器电路

滤波器电路分析的主要作用是激励可用傅里叶级数描述时，由于电感的通低频阻高频特性和电容的通高频阻低频特性导致输出电压或电流中某些频率的信号较强，某些频率的信号较弱。怎样构建电路才能够保障某些需要的频率信号能够有效地到达输出端，而不需要的频率信号能够有效地被抑制是讨论的主要问题。

例 1-12 周期信号电压。

$u_s(t)=U_{m1}\sin(\omega_1 t+\varphi_1)+U_{m2}\sin(\omega_2 t+\varphi_2)+U_{m3}\sin(\omega_3 t+\varphi_3)+\cdots+U_{mi}\sin(\omega_i t+\varphi_i)(i=1，2，\cdots)$

被接至电阻R、电感L和电容C串联的电路，计算电容两端的电压$u_C(t)$。

解 考虑正弦输入电压$u_I(t)=U_{mI}\sin(\omega t+\varphi_I)$作用于该串联电路，则相应的复数输入电压为$\dot{U}_I=U_{mI}\mathrm{e}^{\mathrm{j}\varphi_I}$。电感$L$和电容$C$对应的复感抗和复容抗分别为$Z_L=\mathrm{j}\omega L$和$Z_C=\dfrac{1}{\mathrm{j}\omega C}$。这时，复数电容电压为

$$\begin{aligned}\dot{U}_{CI}&=\frac{Z_C}{R+Z_L+Z_C}\dot{U}_I\\&=\frac{1/\mathrm{j}\omega C}{R+\mathrm{j}\omega L+1/\mathrm{j}\omega C}\dot{U}_I\\&=\frac{U_{mI}\mathrm{e}^{\mathrm{j}\varphi_I}}{1-\omega^2LC+\mathrm{j}\omega RC}\\&=\frac{U_{mI}}{\sqrt{(1-\omega^2LC)^2+(\omega RC)^2}}\mathrm{e}^{\mathrm{j}(\varphi_I-\arctan\frac{\omega RC}{1-\omega^2LC})}\end{aligned}$$

对应的输出正弦电压为

$$u_{CI}(t)=\frac{U_{mI}}{\sqrt{(1-\omega^2LC)^2+(\omega RC)^2}}\sin(\omega t+\varphi_I-\arctan\frac{\omega RC}{1-\omega^2LC})$$

同理，当输入电压为$u_1(t)=U_{m1}\sin(\omega_1 t+\varphi_1)$时，对应的输出正弦电压为

$$u_{C1}(t)=\frac{U_{m1}}{\sqrt{(1-\omega_1^2LC)^2+(\omega_1 RC)^2}}\sin(\omega_1 t+\varphi_1-\arctan\frac{\omega_1 RC}{1-\omega_1^2LC})$$

当输入电压为 $u_2(t)=U_{m2}\sin(\omega_2 t+\varphi_2)$时，对应的输出正弦电压为

$$u_{C2}(t)=\frac{U_{m2}}{\sqrt{(1-\omega_2^2LC)^2+(\omega_2 RC)^2}}\sin(\omega_2 t+\varphi_2-\arctan\frac{\omega_2 RC}{1-\omega_2^2LC})$$

……

当输入电压为 $u_i(t)=U_{mi}\sin(\omega_i t+\varphi_i)$时，对应的输出正弦电压为

$$u_{Ci}(t)=\frac{U_{mi}}{\sqrt{(1-\omega_i^2LC)^2+(\omega_i RC)^2}}\sin(\omega_i t+\varphi_i-\arctan\frac{\omega_i RC}{1-\omega_i^2LC})$$

……

最后得

$$
\begin{aligned}
u_C(t) &= u_{C1}(t)+u_{C2}(t)+\cdots+u_{Ci}(t) \\
&= \frac{U_{m1}}{\sqrt{(1-\omega_1^2LC)^2+(\omega_1RC)^2}}\sin\left(\omega_1t+\varphi_1-\arctan\frac{\omega_1RC}{1-\omega_1^2LC}\right) \\
&\quad +\frac{U_{m2}}{\sqrt{(1-\omega_2^2LC)^2+(\omega_2RC)^2}}\sin\left(\omega_2t+\varphi_2-\arctan\frac{\omega_2RC}{1-\omega_2^2LC}\right)+\cdots \\
&\quad +\frac{U_{mi}}{\sqrt{(1-\omega_i^2LC)^2+(\omega_iRC)^2}}\sin\left(\omega_it+\varphi_i-\arctan\frac{\omega_iRC}{1-\omega_i^2LC}\right)
\end{aligned}
$$

根据输出电压幅值和输入电压幅值的比值与频率的关系，可将滤波器分为低通、高通、带通和带阻等滤波电路。

习题 1

(1) 两个电阻 R_1、R_2 串联后接于电压为 $u_s(t)$ 的电源上，分别计算两个电阻的电压。

(2) 两个电阻 R_1、R_2 并联后接于电流为 $i_s(t)$ 的电源上，分别计算两个电阻的电流。

(3) 已知某百位数的三个数依次成等差数列。已知这三个数的和为18，求出该百位数。

(4) 古人用一百文钱准备买一百只鸡。已知公鸡为五文一只，母鸡为三文一只，小鸡为一文三只，他能买到公鸡、母鸡和小鸡各多少只？该人希望小鸡不超过五十只，能够实现其愿望吗？

(5) 求解下述方程组。

① $\begin{cases} I_1-I_2-I_3=0 \\ 2I_1-I_2=-5 \\ -3I_1+I_2-2I_3=U_s \end{cases}$；② $\begin{cases} I_1-I_2-I_3=0 \\ (\mu-1)I_1-I_2=-5 \\ -\mu I_1+I_2-2I_3=15 \end{cases}$；③ $\begin{cases} I_1-I_2-I_3=0 \\ (\mu-1)I_1-I_2=-5 \\ -\mu I_1+I_2-2I_3=10 \end{cases}$。

其中，参数 μ、U_s 可以调整。

(6) 电阻 R、电感 L 和电容 C 串联后接于电源 $u_s(t)$ 上，试求电流的约束方程。

(7) 电阻 R、电感 L 和电容 C 串联后组成闭合电路，试求电感电流的约束方程。

(8) 电感 L 和电容 C 连接组成闭合电路，试求电容电压的约束方程。

(9) 已知向量 $\boldsymbol{r}_1=\begin{pmatrix}1\\2\\3\end{pmatrix}$ 和 $\boldsymbol{r}_2=\begin{pmatrix}5\\0\\2\end{pmatrix}$，试计算向量 $2\boldsymbol{r}_1$，$\boldsymbol{r}_1+\boldsymbol{r}_2$，$4\boldsymbol{r}_1+2\boldsymbol{r}_2$，$2\boldsymbol{r}_1-3\boldsymbol{r}_2$。

(10) 向量 $\boldsymbol{r}=\begin{pmatrix}4\\5\end{pmatrix}$ 可以表示为 $\boldsymbol{r}=4\begin{pmatrix}1\\0\end{pmatrix}+5\begin{pmatrix}0\\1\end{pmatrix}$，也可以表示为 $\boldsymbol{r}=a\begin{pmatrix}2\\2\end{pmatrix}+b\begin{pmatrix}3\\1\end{pmatrix}$，试求出 a 和 b 的值。

(11) 已知方程组为 $x_1\begin{pmatrix}1\\1\\0\end{pmatrix}+x_2\begin{pmatrix}0\\1\\1\end{pmatrix}+x_3\begin{pmatrix}1\\0\\1\end{pmatrix}=\begin{pmatrix}2\\4\\6\end{pmatrix}$，试求出 x_1、x_2、x_3。

(12) 证明：方程组 $a\boldsymbol{r}_1+b\boldsymbol{r}_2+c\boldsymbol{r}_3=\boldsymbol{r}_0$ 无解。其中

$$r_1=\begin{pmatrix}1\\2\\3\end{pmatrix},\quad r_2=\begin{pmatrix}1\\2\\0\end{pmatrix},\quad r_3=\begin{pmatrix}3\\6\\0\end{pmatrix},\quad r_0=\begin{pmatrix}2\\3\\5\end{pmatrix}$$

(13) 将复数 $A_1=-3+\mathrm{j}3\sqrt{3}$ 和 $A_2=-4-\mathrm{j}4$ 表示为三角函数式和指数式。

(14) 对于两个复数 $A_1=a+\mathrm{j}b$ 和 $A_2=|A_2|\mathrm{e}^{\mathrm{j}\varphi_2}$，计算它们的和、差、积、商。

(15) 已知复数 $Z_1=a, Z_2=\mathrm{j}b, Z_3=-\mathrm{j}c$，计算：① $Z_1+Z_2, Z_1+Z_3, Z_2+Z_3, Z_1+Z_2+Z_3$；② $\dfrac{Z_1Z_3}{Z_1+Z_3}$；③ $\dfrac{(Z_1+Z_2)Z_3}{Z_1+Z_2+Z_3}$；④ $\dfrac{(Z_1+Z_2)(Z_1+Z_3)}{2Z_1+Z_2+Z_3}$。

(16) 已知 $Z_1=R, Z_2=\mathrm{j}\omega L, Z_3=-\mathrm{j}\dfrac{1}{\omega C}$，计算 $\dfrac{(Z_1+Z_2)Z_3}{Z_1+Z_2+Z_3}$ 并将结果表示为指数形式。

(17) 设复数 $A=a+\mathrm{j}b$，A^* 是其共轭复数。计算 $\dfrac{1}{2}(A+A^*)$ 和 $\dfrac{1}{2\mathrm{j}}(A-A^*)$。

(18) 设复数 $A=|A|\mathrm{e}^{\mathrm{j}\omega t}$，$A^*$ 是其共轭复数。计算 $\dfrac{1}{2}(A+A^*)$ 和 $\dfrac{1}{2\mathrm{j}}(A-A^*)$。

(19) 已知向量 $r_1=\begin{pmatrix}-\mathrm{j}1\\\mathrm{j}2\\3\end{pmatrix}$ 和 $r_2=\begin{pmatrix}1+\mathrm{j}1\\3\\2-\mathrm{j}1\end{pmatrix}$，试计算向量 $r_1+r_2, (2+\mathrm{j}3)(r_1+2\mathrm{j}\cdot r_2)$。

(20) 已知复向量 $\boldsymbol{T}=\mathrm{e}^{\mathrm{j}\omega t}\begin{pmatrix}\mathrm{j}2\\3\end{pmatrix}$，$\boldsymbol{T}^*$ 是其共轭复向量。试计算 $\dfrac{1}{2}(\boldsymbol{T}+\boldsymbol{T}^*)$ 和 $\dfrac{1}{2\mathrm{j}}(\boldsymbol{T}-\boldsymbol{T}^*)$。

(21) 已知正弦电流 $i_1(t)=3\sqrt{2}\sin(\omega t+30^\circ)\mathrm{A}, i_2(t)=4\sqrt{2}\sin(\omega t+60^\circ)\mathrm{A}$，用复数法计算 $i_1(t)+i_2(t)$。

(22) 已知正弦电压 $u_1(t)=6\sqrt{2}\sin(\omega t)\mathrm{V}, u_2(t)=8\sqrt{2}\sin(\omega t+60^\circ)\mathrm{V}$，用复数法计算 $u_1(t)+u_2(t)$。

(23) 设电源电压 $\dot{U}_s=12\mathrm{e}^{\mathrm{j}0^\circ}\mathrm{V}$，电阻 $R=3\Omega$ 和复感抗 $Z_L=4\mathrm{j}\Omega$ 串联接于该电源上。计算电路总电流、电阻电压和电感电压。

(24) 设电源电流 $\dot{I}_s=2\mathrm{e}^{\mathrm{j}0^\circ}\mathrm{A}$，电阻 $R=3\Omega$ 和复感抗 $Z_L=4\mathrm{j}\Omega$ 串联，再与复容抗 $Z_L=-3\mathrm{j}\Omega$ 并联后接于该电源上。计算电路总电流、电阻电流和电容电流。

(25) 计算下列多项式的根。

① $f(p)=p^2+(3-A)p+\omega_0^2$；

② $f(p)=p^3+\alpha$；

③ $f(p)=p^4+5p^3+9p^2+7p+2$；

④ $f(p)=3p^3+5p^2+11p+6$；

⑤ $f(p)=p^4+3p^3+5p^2+4p+2$。

(26) 将下列多项式分式分解为部分分式的和。

① $F(p)=\dfrac{2p+1}{p^2+3p+2}$；

② $F(p)=\dfrac{p+2}{p^2+2p+2}$；

③ $F(p)=\dfrac{p+4}{p^3+3p^2+2p}$；

④ $F(p)=\dfrac{p+5}{p^3+2p^2+5p}$；

⑤ $F(p)=\dfrac{p^3+p^2+2p+4}{p(p+1)(p^2+1)[(p+1)^2+1]}$。

(27) 单相交流电源 $u_s(t)=220\sqrt{2}\sin(314t)\text{V}$ 上并联接有两盏日光灯。已知每盏日光灯的功率为 $P=48\text{W}$，功率因数为 $\cos\varphi=\sqrt{2}/2$。计算线路的总电流 $i(t)$。

(28) 单相交流电源 $u_s(t)=220\sqrt{2}\sin(314t)\text{V}$ 上并联接有白炽灯和日光灯。已知白炽灯的功率为 $P_1=400\text{W}$，功率因数为 $\cos\varphi_1=1$；日光灯的功率为 $P_2=480\text{W}$，功率因数为 $\cos\varphi_2=\sqrt{2}/2$。计算线路的总电流 $i(t)$。

(29) 周期信号电压

$$u_s(t)=U_{m1}\sin(\omega_1 t+\varphi_1)+U_{m2}\sin(\omega_2 t+\varphi_2)+U_{m3}\sin(\omega_3 t+\varphi_3)+\cdots+U_{mi}\sin(\omega_i t+\varphi_i)(i=1,\ 2,\ \cdots)$$

被接至电阻 R 和电容 C 串联的电路，计算电容两端的电压 $u_C(t)$。

(30) 周期信号电压

$$u_s(t)=U_{m1}\sin(\omega_1 t+\varphi_1)+U_{m2}\sin(\omega_2 t+\varphi_2)+U_{m3}\sin(\omega_3 t+\varphi_3)+\cdots+U_{mi}\sin(\omega_i t+\varphi_i)(i=1,\ 2,\ \cdots)$$

被接至电阻 R 和电容 C 串联的电路，计算电阻两端的电压 $u_R(t)$。

(31) 信号电压 $u_s(t)=U_m\sin(\omega t+\varphi)$ 被接至电阻 R、电感 L 和电容 C 串联的电路。计算当 $\omega=\dfrac{1}{\sqrt{LC}}$ 时，电路的总电流 $i(t)$。

(32) 信号电压 $u_s(t)=U_m\sin(\omega t+\varphi)$ 被接至电阻 R、电感 L 和电容 C 串联的电路。证明：电容两端的电压 $u_C(t)$ 的幅值 U_{Cm} 可能大于 U_m，即分电压可能大于总电压。

(33) 电阻 R 与电感 L 串联后与电容 C 并联接于信号电压 $u_s(t)=U_m\sin(\omega t+\varphi)$ 上。证明：流过电容的电流 $i_C(t)$ 的幅值 I_{Cm} 可能大于总电流 $i(t)$ 的幅值 I_m，即分电流可能大于总电流。

第 2 章　行列式与解的表示

行列式是一种特定的算式，其结果可以是一个值、一个代数式或一个函数式等。行列式在线性方程求解问题的研究中具有重要的作用，这不仅体现在对解的存在性、唯一性和稳定性做出判定，而且还可在有解时对解进行表示。本章的主要内容是通过三元一次线性方程组解的讨论，从而引出行列式的概念并加以推广。进一步通过唯一解的行列式表示，介绍行列式的性质及计算方法，将无穷多解表示为“唯一”解。

2.1　二阶和三阶行列式

行列式的概念最初是伴随求解未知量与方程数相等的线性代数方程组提出的。对于一元一次方程 $ax=b(a,\ b\in\mathbf{R})$，若 $a\neq 0$，则 $x=\dfrac{b}{a}$。定义一阶行列式 D，并令 $D=d，d\in\mathbf{R}$，有 $D_a=a\neq 0，D_b=b$，则一元一次方程的解可用行列式表示为 $x=\dfrac{D_b}{D_a}$。对二元一次线性方程组

$$\begin{cases}a_{11}x_1+a_{12}x_2=b_1\\a_{21}x_1+a_{22}x_2=b_2\end{cases}\tag{2-1}$$

其中，a_{ij}（$i，j=1，2$）称为方程组的系数项；b_j（$j=1，2$）称为方程组的常数项；x_j（$j=1，2$）称为方程组的未知量。

利用中学所学代入法，得

$$\begin{cases}(a_{11}a_{22}-a_{12}a_{21})x_1=a_{22}b_1-a_{12}b_2\\(a_{11}a_{22}-a_{12}a_{21})x_2=a_{11}b_2-a_{21}b_1\end{cases}$$

引入记号 $D=\begin{vmatrix}d_{11} & d_{12}\\d_{21} & d_{22}\end{vmatrix}$ 表示由四个数 $d_{ij}(i，j=1，2)$ 排成的二行二列式子，称为二阶行列式，且满足运算结果为

$$D=\begin{vmatrix}d_{11} & d_{12}\\d_{21} & d_{22}\end{vmatrix}=d_{11}d_{22}-d_{12}d_{21}\tag{2-2}$$

其中，组成行列式的元素 d_{ij} 的第一个下标 i 为行标，第二个下标 j 为列标。

由式(2-2)可将方程(2-1)表示为 $\begin{cases}D_a x_1=D_{b1}\\D_a x_2=D_{b2}\end{cases}$，其中，$D_a=\begin{vmatrix}a_{11} & a_{12}\\a_{21} & a_{22}\end{vmatrix}$ 称为系数行列式；$D_{b1}=\begin{vmatrix}b_1 & a_{12}\\b_2 & a_{22}\end{vmatrix}$，$D_{b2}=\begin{vmatrix}a_{11} & b_1\\a_{21} & b_2\end{vmatrix}$ 称分量行列式，它是用常数项替代系数行列式中所求未知量

系数后得出的行列式。显然，若 $D_a \neq 0$，则方程组(2-1)有唯一解，且解 x_1，x_2 可表示为

$$x_1 = \frac{D_{b1}}{D_a},\quad x_2 = \frac{D_{b2}}{D_a}$$

对于三元一次线性方程组：

$$\begin{cases} a_{11}x_1 + a_{12}x_2 + a_{13}x_3 = b_1 \\ a_{21}x_1 + a_{22}x_2 + a_{23}x_3 = b_2 \\ a_{31}x_1 + a_{32}x_2 + a_{33}x_3 = b_3 \end{cases} \tag{2-3}$$

类比二元一次方程组的代入法，可将式(2-3)表示为

$$\begin{cases} Dx_1 = D_1 \\ Dx_2 = D_2 \\ Dx_3 = D_3 \end{cases} \tag{2-4}$$

其中，D、D_1、D_2、D_3 分别是由九个元素排成的三行三列式子，即

$$D = \begin{vmatrix} a_{11} & a_{12} & a_{13} \\ a_{21} & a_{22} & a_{23} \\ a_{31} & a_{32} & a_{33} \end{vmatrix},\ D_1 = \begin{vmatrix} b_1 & a_{12} & a_{13} \\ b_2 & a_{22} & a_{23} \\ b_3 & a_{32} & a_{33} \end{vmatrix},\ D_2 = \begin{vmatrix} a_{11} & b_1 & a_{13} \\ a_{21} & b_2 & a_{23} \\ a_{31} & b_3 & a_{33} \end{vmatrix},\ D_3 = \begin{vmatrix} a_{11} & a_{12} & b_1 \\ a_{21} & a_{22} & b_2 \\ a_{31} & a_{32} & b_3 \end{vmatrix}$$

它们被称为三阶行列式，其运算规则为

$$\begin{aligned} D &= a_{11}\times(-1)^{1+1}\begin{vmatrix} a_{22} & a_{23} \\ a_{32} & a_{33} \end{vmatrix} + a_{12}\times(-1)^{1+2}\begin{vmatrix} a_{21} & a_{23} \\ a_{31} & a_{33} \end{vmatrix} + a_{13}\times(-1)^{1+3}\begin{vmatrix} a_{21} & a_{22} \\ a_{31} & a_{32} \end{vmatrix} \\ &= a_{11}\times(-1)^{1+1}[a_{22}\times(-1)^{1+1}a_{33} + a_{23}\times(-1)^{1+2}a_{32}] \\ &\quad + a_{12}\times(-1)^{1+2}[a_{21}\times(-1)^{1+1}a_{33} + a_{23}\times(-1)^{1+2}a_{31}] \\ &\quad + a_{13}\times(-1)^{1+3}[a_{21}\times(-1)^{1+1}a_{32} + a_{22}\times(-1)^{1+2}a_{31}] \end{aligned} \tag{2-5}$$

这种算法被称为按第一行元素展开。实际上，由于行和列具有对称性，按任一行或任一列元素展开所得结果都一样。另外，在式(2-5)的计算过程中，对二阶行列式也采用了按第一行展开的方式进行计算，所得结果与式(2-2)一致。由此容易想到，计算高阶行列式可采用类似于式(2-5)的降阶方式进行。

其余行列式 D_1、D_2、D_3 也可按照式(2-5)的方式计算得出结果。在式(2-4)中，若 $D\neq 0$，则方程组(2-3)的解存在且唯一，可表示为 $x_1 = \dfrac{D_1}{D}$，$x_2 = \dfrac{D_2}{D}$，$x_3 = \dfrac{D_3}{D}$。

例 2-1　计算三阶行列式 $D = \begin{vmatrix} 1 & 1 & 1 \\ t_1 & t_2 & t_3 \\ t_1^2 & t_2^2 & t_3^2 \end{vmatrix}$。

解　按第一行展开，得

$$\begin{aligned} D &= \begin{vmatrix} 1 & 1 & 1 \\ t_1 & t_2 & t_3 \\ t_1^2 & t_2^2 & t_3^2 \end{vmatrix} = 1\times(-1)^{1+1}\begin{vmatrix} t_2 & t_3 \\ t_2^2 & t_3^2 \end{vmatrix} + 1\times(-1)^{1+2}\begin{vmatrix} t_1 & t_3 \\ t_1^2 & t_3^2 \end{vmatrix} + 1\times(-1)^{1+3}\begin{vmatrix} t_1 & t_2 \\ t_1^2 & t_2^2 \end{vmatrix} \\ &= t_2t_3^2 - t_3t_2^2 + (-1)(t_1t_3^2 - t_3t_1^2) + (t_1t_2^2 - t_2t_1^2) + t_1t_2t_3 - t_1t_2t_3 \\ &= (t_3 - t_1)(t_3 - t_2)(t_2 - t_1) \end{aligned}$$

显然，当t_1、t_2、t_3各不相同时，行列式$D\neq 0$。该行列式扩展后便是著名的范德蒙行列式，关系到微分方程的求解。一般地，n阶范德蒙行列式可表示为

$$\begin{vmatrix} 1 & 1 & \cdots & 1 \\ x_1 & x_2 & \cdots & x_n \\ \vdots & \vdots & & \vdots \\ x_1^{n-1} & x_2^{n-1} & \cdots & x_n^{n-1} \end{vmatrix} = \prod_{1\leqslant j<i\leqslant n}(x_i - x_j)$$

其中，“Π”表示全体同类因子的乘积。

2.2 n 阶行列式及其性质

2.2.1 n 阶行列式

定义 2-1 设n^2个数$a_{ij}(i=1, 2, \cdots, n; j=1, 2, \cdots, n)$，记号

$$D=\begin{vmatrix} a_{11} & a_{12} & \cdots & a_{1n} \\ a_{21} & a_{22} & \cdots & a_{2n} \\ \vdots & \vdots & & \vdots \\ a_{n1} & a_{n2} & \cdots & a_{nn} \end{vmatrix} \tag{2-6}$$

称为n阶行列式，它是一个算式，其值为

当$n=1$时，

$$D=a_{11}$$

当$n\geqslant 2$时，

$$D=a_{11}A_{11}+a_{12}A_{12}+\cdots+a_{1n}A_{1n} \tag{2-7}$$

$A_{1j}(j=1, 2, \cdots, n)$称为元素$a_{1j}(j=1, 2, \cdots, n)$的代数余子行列式，简称代数余子式，记

$$A_{1j}=(-1)^{1+j}M_{1j}, \ j=1, 2, \cdots, n \tag{2-8}$$

其中，M_{1j}称为元素a_{1j}的余子行列式，简称余子式，它是去掉a_{1j}所在行和所在列的元素后，剩余元素按原有结构排成的$(n-1)$阶行列式。

该行列式的定义是按第一行元素展开所得算式的结果，实际上按任一行或者任一列展开所得结果都是相同的，即

$$D=a_{i1}A_{i1}+a_{i2}A_{i2}+\cdots+a_{in}A_{in}(i=1, 2, \cdots, n)$$

或

$$D=a_{1j}A_{1j}+a_{2j}A_{2j}+\cdots+a_{nj}A_{nj}(j=1, 2, \cdots, n)$$

另外，行列式的定义还有其他方式，但不论采用何种方式进行定义，其运算结果必然含有$n!$项，每一项都由不同行、不同列的n个元素相乘组成，且取正号的项和取负号的项各为$n!/2$。本书采用的定义直接给出了一种行列式的计算方法，称为降阶计算法，适于手工进行低阶行列式的计算。实际计算行列式的值都是在计算机上运用软件完成。

行列式中从左上(下)角到右下(上)角的对角线称为主(副)对角线。特别地，主对角线以下(上)的元素全为 0 的行列式称为上(下)三角行列式，主对角线以外的元素全为 0 的行列式称为对角行列式。有关对角行列式、三角行列式的计算问题留作习题。

例 2-2　三相四线制电路中可由 KCL、KVL、VCR 列出方程组：

$$\begin{cases} i_1+i_2+i_3-i_0=0 \\ R_1i_1+R_0i_0=u_{s1} \\ R_2i_2+R_0i_0=u_{s2} \\ R_3i_3+R_0i_0=u_{s3} \end{cases}$$

来求解各个电流。试通过行列式计算法求出电流 i_0 的表示式。

解　将方程组写为 $Di_1=D_1$，$Di_2=D_2$，$Di_3=D_3$，$Di_0=D_0$，其中系数行列式 D 计算如下：

$$D=\begin{vmatrix} a_{11} & a_{12} & a_{13} & a_{14} \\ a_{21} & a_{22} & a_{23} & a_{24} \\ a_{31} & a_{32} & a_{33} & a_{34} \\ a_{41} & a_{42} & a_{43} & a_{44} \end{vmatrix}=\begin{vmatrix} 1 & 1 & 1 & -1 \\ R_1 & 0 & 0 & R_0 \\ 0 & R_2 & 0 & R_0 \\ 0 & 0 & R_3 & R_0 \end{vmatrix}$$

$$=1\times(-1)^{1+1}\begin{vmatrix} 0 & 0 & R_0 \\ R_2 & 0 & R_0 \\ 0 & R_3 & R_0 \end{vmatrix}+1\times(-1)^{1+2}\begin{vmatrix} R_1 & 0 & R_0 \\ 0 & 0 & R_0 \\ 0 & R_3 & R_0 \end{vmatrix}+1\times(-1)^{1+3}\begin{vmatrix} R_1 & 0 & R_0 \\ 0 & R_2 & R_0 \\ 0 & 0 & R_0 \end{vmatrix}$$

$$+(-1)\times(-1)^{1+4}\begin{vmatrix} R_1 & 0 & 0 \\ 0 & R_2 & 0 \\ 0 & 0 & R_3 \end{vmatrix}$$

$$=R_2\times(-1)^{2+1}\begin{vmatrix} 0 & R_0 \\ R_3 & R_0 \end{vmatrix}-R_0\times(-1)^{2+3}\begin{vmatrix} R_1 & 0 \\ 0 & R_3 \end{vmatrix}+R_0\times(-1)^{3+3}\begin{vmatrix} R_1 & 0 \\ 0 & R_2 \end{vmatrix}+R_1\times(-1)^{1+1}\begin{vmatrix} R_2 & 0 \\ 0 & R_3 \end{vmatrix}$$

$$=R_2R_0R_3+R_0R_1R_3+R_0R_1R_2+R_1R_2R_3$$

上述运算首先是按第一行展开的结果。实际上，如果按第二、第三或第四行展开只有两个元素，计算会更简单。降阶为三阶行列中的最后一个三阶行列式为对角行列式，按照行列式的定义，容易得出结果为 $R_1R_2R_3$。所以，若能将行列式变换为对角行列式便能够较方便地得到行列式的计算结果。

所要计算的电流 i_0 的分量行列式 D_0 可参照系数行列式 D 写出并计算如下：

$$D_0=\begin{vmatrix} a_{11} & a_{12} & a_{13} & b_1 \\ a_{21} & a_{22} & a_{23} & b_2 \\ a_{31} & a_{32} & a_{33} & b_3 \\ a_{41} & a_{42} & a_{43} & b_4 \end{vmatrix}=\begin{vmatrix} 1 & 1 & 1 & 0 \\ R_1 & 0 & 0 & u_{s1} \\ 0 & R_2 & 0 & u_{s2} \\ 0 & 0 & R_3 & u_{s3} \end{vmatrix}$$

$$=R_1\times(-1)^{2+1}\begin{vmatrix} 1 & 1 & 1 \\ R_2 & 0 & u_{s2} \\ 0 & R_3 & u_{s3} \end{vmatrix}+u_{s1}\times(-1)^{2+4}\begin{vmatrix} 1 & 1 & 1 \\ 0 & R_2 & 0 \\ 0 & 0 & R_3 \end{vmatrix}$$

$$=R_1R_2u_{s3}+R_2R_3u_{s1}+R_1R_3u_{s2}$$

显然，行列式$D\neq 0$，所以求出中线电流i_0为

$$i_0=\frac{D_0}{D}=\frac{R_1R_2u_{s3}+R_2R_3u_{s1}+R_1R_3u_{s2}}{R_2R_0R_3+R_0R_1R_3+R_0R_1R_2+R_1R_2R_3}$$

$$=\frac{1}{R_0}\frac{u_{s1}/R_1+u_{s2}/R_2+u_{s3}/R_3}{1/R_1+1/R_2+1/R_3+1/R_0}$$

在实际的三相四线制电路中，负载多为电感性，可用复阻抗Z_A、Z_B、Z_C代替电阻R_1、R_2、R_3，中线等效电阻R_0不变；三相电源$\begin{cases}u_{s1}=U_m\sin\omega t\\u_{s2}=U_m\sin(\omega t-120^\circ)\\u_{s3}=U_m\sin(\omega t+120^\circ)\end{cases}$用复数表示为$\begin{cases}\dot{U}_a=U_m\mathrm{e}^{\mathrm{j}0^\circ}\\\dot{U}_b=U_m\mathrm{e}^{-\mathrm{j}120^\circ}\\\dot{U}_c=U_m\mathrm{e}^{\mathrm{j}120^\circ}\end{cases}$，从而得到复数的中线电流计算式$\dot{I}_0=\dfrac{1}{R_0}\dfrac{\dot{U}_a/Z_A+\dot{U}_b/Z_B+\dot{U}_c/Z_C}{1/Z_A+1/Z_B+1/Z_C+1/R_0}$。

2.2.2 行列式的性质

从行列式的定义出发可以对n阶行列式进行降阶计算，但应用行列式的性质计算行列式不仅简捷，更为重要的是可以了解整行的数或整列的数之间的关系。特别是用向量表示各列数(各行数)时，则可以研究当行列式的值为零时，各列元素(行元素)对应的向量构成的向量组的线性相关性问题。

性质 2-1 行列式D与它的转置行列式D^{T}相等。

设行列式$D=\begin{vmatrix}a_{11}&a_{12}&\cdots&a_{1n}\\a_{21}&a_{22}&\cdots&a_{2n}\\\vdots&\vdots&&\vdots\\a_{n1}&a_{n2}&\cdots&a_{nn}\end{vmatrix}$，则它的转置行列式定义为$D^{\mathrm{T}}=\begin{vmatrix}a_{11}&a_{21}&\cdots&a_{n2}\\a_{12}&a_{22}&\cdots&a_{n2}\\\vdots&\vdots&&\vdots\\a_{1n}&a_{2n}&\cdots&a_{nn}\end{vmatrix}$，即行列式$D$中的行依次变为行列式$D^{\mathrm{T}}$中的列。

根据行列式定义，容易证明该性质，因为对于行列式D按第一行展开，而行列式D^T按第一列展开便可得出相同结果。可见，行列式中的行和列具有完全相同的特性，即具有相同的对称性或相同的线性相关性。

性质 2-2 对换行列式的两行(列)，所得行列式与原行列式相差一个负号。

该性质的证明留作习题。

推论 如果行列式有两行(列)完全相同，则该行列式等于零。

可根据性质 2-2 证明，设相等的两行交换前的行列式为D，交换后为D'，因交换的两行相同，故有$D'=-D$。又因交换后的行列式与原行列式不能区分，故$D'=D$，即$D=-D$，所以$D=0$。

性质 2-3 行列式的某一行(列)所有元素都乘以数k，所得行列式等于用数k乘以原

行列式。

推论　行列式某一行(列) 的所有元素公因子可以提到行列式记号的外面。

例 2-3　计算行列式 $D=\begin{vmatrix}2&4&6\\3&1&2\\6&9&3\end{vmatrix}$ 的值。

解　原行列式第一行有公因子2，第三行有公因子3，提出行列式后，得

$$D=\begin{vmatrix}2&4&6\\3&1&2\\6&9&3\end{vmatrix}=2\times3\begin{vmatrix}1&2&3\\3&1&2\\2&3&1\end{vmatrix}$$
$$=6[1\times(1\times1-2\times3)-2\times(3\times1-2\times2)+3\times(3\times3-1\times2)]=108$$

性质 2-4　行列式中有两行(列)元素成比例，则该行列式等于零。

利用性质 2-2 和性质 2-3 容易证明该性质。

性质 2-4 告诉我们，若将行列式中的一行(一列)视为一个向量的分量，则当这些向量之间存在齐次性关系时，将导致行列式的值为零。换句话说，若行列式的值为零，则向量组的向量之间可能存在齐次性关系。

性质 2-5　若行列式某一行(列)的元素都是两数之和，则该行列式等于两个行列式之和，且这两个行列式中，除该行(列)之外，其余行(列)与原行列式对应行(列)相同。

利用行列式的定义可以证明该性质(证明留作习题)。

推论　若行列式中某行(列)元素是另两行(列)对应元素之和，则该行列式等于零。

该推论告诉我们，若将行列式中的一行(一列)视为一个向量的分量，则当这些向量之间存在叠加性关系时，将导致行列式的值为零。换句话说，若行列式的值为零，则向量组的向量之间可能存在叠加性关系。

在 1.2.1 节中，我们根据方程(1-2)给出了七个向量：

$$\boldsymbol{a}_1=\begin{pmatrix}-1\\0\\0\\0\\1\end{pmatrix},\quad \boldsymbol{a}_2=\begin{pmatrix}-1\\1\\0\\0\\0\end{pmatrix},\quad \boldsymbol{a}_3=\begin{pmatrix}0\\-1\\1\\0\\0\end{pmatrix},\quad \boldsymbol{a}_4=\begin{pmatrix}0\\-1\\0\\1\\0\end{pmatrix},\quad \boldsymbol{a}_5=\begin{pmatrix}0\\0\\-1\\1\\0\end{pmatrix},\quad \boldsymbol{a}_6=\begin{pmatrix}0\\0\\-1\\0\\1\end{pmatrix},\quad \boldsymbol{a}_7=\begin{pmatrix}0\\0\\0\\-1\\1\end{pmatrix}$$

由前五个向量的坐标分量构成行列式 D，即

$$D=\begin{vmatrix}-1&-1&0&0&0\\0&1&-1&-1&0\\0&0&1&0&-1\\0&0&0&1&1\\1&0&0&0&0\end{vmatrix}$$

容易验证 $D=0$。因为向量 $\boldsymbol{a}_3$、$\boldsymbol{a}_4$、$\boldsymbol{a}_5$ 之间存在叠加性关系 $\boldsymbol{a}_5=(-1)\boldsymbol{a}_3+\boldsymbol{a}_4$。

性质 2-6　把行列式的某一行(列)的各元素同乘以数 k 后加到另一行对应的元素上去，该行列式的值不变。

该性质是性质 2-4 和性质 2-5 的综合，利用性质 2-4 和性质 2-5 便能证明该性质。这里以三阶行列式为例加以说明，同时给出计算行列式的一种方法。

设三阶行列式 $D=\begin{vmatrix} a_{11} & a_{12} & a_{13} \\ a_{21} & a_{22} & a_{23} \\ a_{31} & a_{32} & a_{33} \end{vmatrix}$，将第一行元素同乘以数 k，并加至第二行对应元素，得

$$D_1=\begin{vmatrix} a_{11} & a_{12} & a_{13} \\ a_{21}+ka_{11} & a_{22}+ka_{12} & a_{23}+ka_{13} \\ a_{31} & a_{32} & a_{33} \end{vmatrix}$$

根据性质 2-3 和性质 2-5，显然有 $D_1=D$。同样，将第一行元素同乘以数 k'，并加至第三行对应元素，得

$$D_2=\begin{vmatrix} a_{11} & a_{12} & a_{13} \\ a_{21}+ka_{11} & a_{22}+ka_{12} & a_{23}+ka_{13} \\ a_{31}+k'a_{11} & a_{32}+k'a_{12} & a_{33}+k'a_{13} \end{vmatrix}$$

根据性质 2-3 和性质 2-5，显然有 $D_2=D_1$。

选取数 $k=-\dfrac{a_{21}}{a_{11}}$ 和 $k'=-\dfrac{a_{31}}{a_{11}}$ 可使行列式 D_2 变为

$$D_3=\begin{vmatrix} a_{11} & a_{12} & a_{13} \\ 0 & a_{22}+ka_{12} & a_{23}+ka_{13} \\ 0 & a_{32}+k'a_{12} & a_{33}+k'a_{13} \end{vmatrix}$$

显然，$D_3=D_2$。将 D_3 中的第二行元素同乘以数 $k''=-\dfrac{a_{32}+k'a_{12}}{a_{22}+ka_{12}}$，并加至第三行对应元素，得

$$D_4=\begin{vmatrix} a_{11} & a_{12} & a_{13} \\ 0 & a_{22}+ka_{12} & a_{23}+ka_{13} \\ 0 & 0 & a_{33}+k'a_{13}+k''(a_{23}+ka_{13}) \end{vmatrix}$$

显然有 $D_4=D_3$。按照行列式的定义，得

$$D_4=a_{11}\times(-1)^{1+1}\cdot(a_{22}+ka_{12})\times(-1)^{1+1}\cdot[a_{33}+k'a_{13}+k''(a_{23}+ka_{13})]$$

或

$$D=D_4=a_{11}\left(a_{22}-\frac{a_{21}}{a_{11}}a_{12}\right)\left[a_{33}-\frac{a_{31}}{a_{11}}a_{13}-\frac{a_{32}-\dfrac{a_{31}}{a_{11}}a_{12}}{a_{22}-\dfrac{a_{21}}{a_{11}}a_{12}}\left(a_{23}-\frac{a_{21}}{a_{11}}a_{13}\right)\right]$$

从上述变换过程可知，利用行列式的性质 2-6 可以将行列式化简。不论是上三角行列式，还是下三角行列式，按照行列式的定义，可计算得出行列式的值等于对角线上所有元素的乘积。因此，若能将行列式等效变换为三角行列式，则能方便地求出行列式的值。性质 2-6 为我们计算行列式的值提供了一种规整的方法。

更重要的是，利用性质 2-6 可以发现向量或数列之间是否存在线性相关性。若行列式

为零，则至少有一行(列)元素全为零。若将行列式中的一列(行)视为一个向量的分量，则当这些向量之间存在齐次性、叠加性或齐次叠加性关系时，都将导致该列(行)的值为零。换句话说，若行列式的值为零，则至少有一行(列)元素全为零。若该行(列)原本就不为零，则该行要么与某行(列)元素成比例(性质 2-4)，要么等于另外两行(列)元素的和(性质 2-5)，要么等于某行(列)元素乘以一个数与另一行元素乘以一个数的和(性质 2-6)。

例如，在三阶行列式中，若第三行元素等于第一行元素的 k_1 倍与第二行元素的 k_2 倍之和，则该三阶行列式必定等于零。因为按照上述计算过程，只需要第一行元素乘以 $(-k_1)$，加至第三行；第二行元素乘以 $(-k_2)$，加至第三行，便可使第三行元素全为零。

定理 2-1　n 个 n 维向量线性无关的充要条件是其组成的行列式不等于零。

例如三阶单位向量 $\boldsymbol{e}_1$、$\boldsymbol{e}_2$、$\boldsymbol{e}_3$ 可以表示为

$$\boldsymbol{e}_1=\begin{pmatrix}1\\0\\0\end{pmatrix},\ \boldsymbol{e}_2=\begin{pmatrix}0\\1\\0\end{pmatrix},\ \boldsymbol{e}_3=\begin{pmatrix}0\\0\\1\end{pmatrix}$$

由其构成的行列式 $|\boldsymbol{e}_1,\ \boldsymbol{e}_2,\ \boldsymbol{e}_3|=\begin{vmatrix}1&0&0\\0&1&0\\0&0&1\end{vmatrix}=1\neq 0$，所以 $\boldsymbol{e}_1$、$\boldsymbol{e}_2$、$\boldsymbol{e}_3$ 线性无关。事实上，任意三阶行列式 $D=\begin{vmatrix}a_{11}&a_{12}&a_{13}\\a_{21}&a_{22}&a_{23}\\a_{31}&a_{32}&a_{33}\end{vmatrix}$，若能通过性质 2-6 将其变换为一个非零数 k 与三阶单位行列式 $|\boldsymbol{e}_1,\ \boldsymbol{e}_2,\ \boldsymbol{e}_3|$ 的乘积，即

$$D=\begin{vmatrix}a_{11}&a_{12}&a_{13}\\a_{21}&a_{22}&a_{23}\\a_{31}&a_{32}&a_{33}\end{vmatrix}=k|\boldsymbol{e}_x,\ \boldsymbol{e}_y,\ \boldsymbol{e}_z|=k\begin{vmatrix}1&0&0\\0&1&0\\0&0&1\end{vmatrix}\neq 0$$

则列元素组成的向量 $\boldsymbol{a}_1=\begin{pmatrix}a_{11}\\a_{21}\\a_{31}\end{pmatrix}$，$\boldsymbol{a}_2=\begin{pmatrix}a_{12}\\a_{22}\\a_{32}\end{pmatrix}$，$\boldsymbol{a}_3=\begin{pmatrix}a_{13}\\a_{23}\\a_{33}\end{pmatrix}$ 一定线性无关。同样地，行元素组成的向量 $\boldsymbol{b}_1=\begin{pmatrix}a_{11}\\a_{12}\\a_{13}\end{pmatrix}$，$\boldsymbol{b}_2=\begin{pmatrix}a_{21}\\a_{22}\\a_{23}\end{pmatrix}$，$\boldsymbol{b}_3=\begin{pmatrix}a_{31}\\a_{32}\\a_{33}\end{pmatrix}$ 也线性无关，该结论对于任意阶的行列式均成立。

例 2-4　方程组(1-3)可用向量形式表示为

$$u_1\boldsymbol{a}_1+u_2\boldsymbol{a}_2+u_3\boldsymbol{a}_3+u_4\boldsymbol{a}_4+u_5\boldsymbol{a}_5+u_6\boldsymbol{a}_6+u_7\boldsymbol{a}_7=0$$

其中

$$\boldsymbol{a}_1=\begin{pmatrix}1\\0\\0\\1\\0\\1\\1\end{pmatrix},\quad \boldsymbol{a}_2=\begin{pmatrix}-1\\0\\0\\-1\\0\\-1\\-1\end{pmatrix},\quad \boldsymbol{a}_3=\begin{pmatrix}-1\\1\\0\\0\\1\\0\\-1\end{pmatrix},\quad \boldsymbol{a}_4=\begin{pmatrix}0\\-1\\0\\-1\\-1\\-1\\0\end{pmatrix},\quad \boldsymbol{a}_5=\begin{pmatrix}0\\1\\-1\\0\\0\\1\\-1\end{pmatrix},\quad \boldsymbol{a}_6=\begin{pmatrix}-1\\0\\1\\0\\1\\-1\\0\end{pmatrix},\quad \boldsymbol{a}_7=\begin{pmatrix}0\\0\\-1\\-1\\-1\\0\\-1\end{pmatrix}$$

计算行列式 $D=|\boldsymbol{a}_1, \boldsymbol{a}_2, \boldsymbol{a}_3, \boldsymbol{a}_4, \boldsymbol{a}_5, \boldsymbol{a}_6, \boldsymbol{a}_7|=\begin{vmatrix}1&-1&-1&0&0&-1&0\\0&0&1&-1&1&0&0\\0&0&0&0&-1&1&-1\\1&-1&0&-1&0&0&-1\\0&0&1&-1&0&1&-1\\1&-1&0&-1&1&-1&0\\1&-1&-1&0&-1&0&-1\end{vmatrix}$ 的值。

解 为了便于表述，引入符号 $r_i \leftrightarrow r_j$，表示行列式的第 i 行与第 j 行进行交换；kr_i 表示第 i 行乘以数 k；r_i+kr_j 表示第 j 行乘以数 k 加至第 i 行。

(1) $r_4+(-1)r_1$，$r_6+(-1)r_1$，$r_7+(-1)r_1$，得到

$$D=\begin{vmatrix}1&-1&-1&0&0&-1&0\\0&0&1&-1&1&0&0\\0&0&0&0&-1&1&-1\\0&0&1&-1&0&1&-1\\0&0&1&-1&0&1&-1\\0&0&1&-1&1&0&0\\0&0&0&0&-1&1&-1\end{vmatrix}$$

(2) $r_6+(-1)r_2$，$r_7+(-1)r_3$，$r_5+(-1)r_4$，得到

$$D=\begin{vmatrix}1&-1&-1&0&0&-1&0\\0&0&1&-1&1&0&0\\0&0&0&0&-1&1&-1\\0&0&1&-1&0&1&-1\\0&0&0&0&0&0&0\\0&0&0&0&0&0&0\\0&0&0&0&0&0&0\end{vmatrix}$$

(3) $r_4+(-1)r_2$，得到

$$D=\begin{vmatrix}1&-1&-1&0&0&-1&0\\0&0&1&-1&1&0&0\\0&0&0&0&-1&1&-1\\0&0&0&0&-1&1&-1\\0&0&0&0&0&0&0\\0&0&0&0&0&0&0\\0&0&0&0&0&0&0\end{vmatrix}$$

(4) $r_4+(-1)r_3$，得到

$$D=\begin{vmatrix}1&-1&-1&0&0&-1&0\\0&0&1&-1&1&0&0\\0&0&0&0&-1&1&-1\\0&0&0&0&0&0&0\\0&0&0&0&0&0&0\\0&0&0&0&0&0&0\\0&0&0&0&0&0&0\end{vmatrix}$$

(5) r_1+r_2，得到

$$D=\begin{vmatrix}1&-1&0&-1&1&-1&0\\0&0&1&-1&1&0&0\\0&0&0&0&-1&1&-1\\0&0&0&0&0&0&0\\0&0&0&0&0&0&0\\0&0&0&0&0&0&0\\0&0&0&0&0&0&0\end{vmatrix}$$

(6) r_1+r_3，r_2+r_3，得到

$$D=\begin{vmatrix}1&-1&0&-1&0&0&-1\\0&0&1&-1&0&1&-1\\0&0&0&0&-1&1&-1\\0&0&0&0&0&0&0\\0&0&0&0&0&0&0\\0&0&0&0&0&0&0\\0&0&0&0&0&0&0\end{vmatrix}$$

(7) $(-1)r_3$，得到

$$D=-\begin{vmatrix}1 & -1 & 0 & -1 & 0 & 0 & -1\\0 & 0 & 1 & -1 & 0 & 1 & -1\\0 & 0 & 0 & 0 & 1 & -1 & 1\\0 & 0 & 0 & 0 & 0 & 0 & 0\\0 & 0 & 0 & 0 & 0 & 0 & 0\\0 & 0 & 0 & 0 & 0 & 0 & 0\\0 & 0 & 0 & 0 & 0 & 0 & 0\end{vmatrix} \tag{2-9}$$

从上面多步骤应用性质 2-6 进行行列式的计算过程或变换过程中可以看出，第(1)步完成后，即可以得知行列式$D=0$。那继续进行变换的意义又在何处？

第一，对于列组成的向量可从式(2-9)的计算过程中得出四个关系式：

$$\boldsymbol{a}_2=-\boldsymbol{a}_1,\ \boldsymbol{a}_4=-\boldsymbol{a}_1-\boldsymbol{a}_3,\ \boldsymbol{a}_6=\boldsymbol{a}_3-\boldsymbol{a}_5,\ \boldsymbol{a}_7=-\boldsymbol{a}_1-\boldsymbol{a}_3+\boldsymbol{a}_5$$

第二，七个向量$\boldsymbol{a}_1$、$\boldsymbol{a}_2$、$\boldsymbol{a}_3$、$\boldsymbol{a}_4$、$\boldsymbol{a}_5$、$\boldsymbol{a}_6$、$\boldsymbol{a}_7$都可以用$\boldsymbol{a}_1$、$\boldsymbol{a}_3$、$\boldsymbol{a}_5$表示，说明这三个向量有特殊性。实际上，它们已被等效变换为三个单位向量$\boldsymbol{e}_1$、$\boldsymbol{e}_2$、$\boldsymbol{e}_3$，位于式(2-9)中第一、三、五列。因单位向量构成的行列式不等于零，所以能作为分式的分母得到唯一解的一种表示形式。

第三，七个向量中选取三个进行组合的方式总共有$\dfrac{7!}{4!3!}$种，然而在实际情况中有的并不存在，因此，只要能通过变换得到一种含有三个不同单位向量的结果，则有唯一解的一种表示形式，这将在下一章中详细讨论。

第四，任意交换两行，相当于交换两个方程，上述结论完全成立。任意交换两列，相当于未知量交换位置，四个向量与三个非零向量存在线性关系的结论并不因此而改变，但未知量之间的表现秩序将有所不同。经过性质 2-6 等效变换得到只有三个非零向量的结果，表明这七个向量可以用“三”来描述这一不变的特性，在下一章中的“秩”就来源于此。

第五，应用性质 2-6 计算行列式的过程中，不仅可以发现行(列)之间，即向量之间存在的线性关系，而且能够直接加以去除，即能把整行(列)元素或向量变换为零。对于方程(1-3)来说，相当于七个方程与三个方程是等同的，即有四个方程虽然可以列出，但对于求解来说并无意义。问题是使用 KVL 列方程，在何种条件下才不存在线性相关呢？这需要下一章进一步的学习。

2.3 线性方程组解的表示

2.3.1 克拉默法则

设n元线性方程组：

$$\begin{cases}a_{11}x_1+a_{12}x_2+\cdots+a_{1n}x_n=b_1\\a_{21}x_1+a_{22}x_2+\cdots+a_{2n}x_n=b_2\\\qquad\cdots\cdots\cdots\cdots\\a_{n1}x_1+a_{n2}x_2+\cdots+a_{nn}x_n=b_n\end{cases} \tag{2-10}$$

其中，x_1，x_2，…，x_n 为未知量，a_{ij} 为未知量的系数，b_j 为常数，$i=1, 2, \cdots, n$；$j=1\ 2, \cdots, n$。若常数 b_j 不全部为零，则称方程组(2-10)为非齐次线性代数方程组，也简称线性方程组；若 b_j 全为零，则称方程组

$$\begin{cases} a_{11}x_1 + a_{12}x_2 + \cdots + a_{1n}x_n = 0 \\ a_{21}x_1 + a_{22}x_2 + \cdots + a_{2n}x_n = 0 \\ \cdots\cdots\cdots\cdots \\ a_{n1}x_1 + a_{n2}x_2 + \cdots + a_{nn}x_n = 0 \end{cases} \tag{2-11}$$

为齐次线性代数方程组。在不致引起混淆的情况下称齐次方程组。记

$$D = \begin{vmatrix} a_{11} & a_{12} & \cdots & a_{1n} \\ a_{21} & a_{22} & \cdots & a_{2n} \\ \vdots & \vdots & & \vdots \\ a_{n1} & a_{n2} & \cdots & a_{nn} \end{vmatrix}$$

为式(2-10)或(2-11)的系数行列式。记

$$D_j = \begin{vmatrix} a_{11} & \cdots & a_{1\,j-1} & b_1 & a_{1\,j+1} & \cdots & a_{1n} \\ a_{21} & \cdots & a_{2\,j-1} & b_2 & a_{2\,j+1} & \cdots & a_{2n} \\ \vdots & & \vdots & \vdots & \vdots & & \vdots \\ a_{n1} & \cdots & a_{nj-1} & b_n & a_{nj+1} & \cdots & a_{nn} \end{vmatrix}$$

为式(2-10)中未知量 $x_j\ (j=1,2,\cdots,n)$ 的分量行列式，它是用常数 b_1，b_2，…，b_n 代替系数行列式 D 中第 j 列后所得的行列式。

定理 2-2(克拉默法则)　若线性方程组(2-10)的系数行列式 $D\neq 0$，则它有唯一解，且解 x_1，x_2，…，x_n 可表示为

$$x_1 = \frac{D_1}{D},\ x_2 = \frac{D_2}{D},\ \cdots,\ x_n = \frac{D_n}{D}$$

或

$$x_j = \frac{D_j}{D},\ j=1,\ 2,\ \cdots,\ n$$

克拉默法则的重要意义在于，对于 n 个未知量 n 个方程组成的方程组(2-10)，若其系数行列式 $D\neq 0$，则方程组(2-10)有解且是唯一解，同时，唯一解 $x_j(j=1, 2, \cdots, n)$ 可用两个行列式 D_j 与 $D(j=1, 2, \cdots, n)$ 的比值表示。

例 2-5　对于著名的惠斯通电桥电路，可以用 KCL、KVL 和 VCR 列出方程组：

$$\begin{cases} I_0 - I_1 - I_2 = 0 \\ I_1 - I_3 - I_4 = 0 \\ I_2 + I_3 - I_5 = 0 \\ 2I_1 - 4I_4 = -10 \\ 2I_1 - 3I_2 + I_3 = 0 \\ I_3 + 4I_4 - 5I_5 = 0 \end{cases}$$

试求出未知电流I_0、I_1、I_2、I_3、I_4和I_5。

解 按照克拉默法则，需要计算七个行列式。为了减少行列式的计算，可先求出一个未知电流，然后代入原方程组即可求出其余电流。这里先计算电流 I_3。

(1) 系数行列式D。

首先按第一列展开得

$$D=\begin{vmatrix}1&-1&-1&0&0&0\\0&1&0&-1&-1&0\\0&0&1&1&0&-1\\0&-2&0&0&-4&0\\0&2&-3&1&0&0\\0&0&0&-1&4&-5\end{vmatrix}=\begin{vmatrix}1&0&-1&-1&0\\0&1&1&0&-1\\-2&0&0&-4&0\\2&-3&1&0&0\\0&0&-1&4&-5\end{vmatrix}$$

其次按第五列展开得

$$D=\begin{vmatrix}1&0&-1&-1&0\\0&1&1&0&-1\\-2&0&0&-4&0\\2&-3&1&0&0\\0&0&-1&4&-5\end{vmatrix}=(-1)(-1)^{2+5}\begin{vmatrix}1&0&-1&-1\\-2&0&0&-4\\2&-3&1&0\\0&0&-1&4\end{vmatrix}+(-5)(-1)^{5+5}\begin{vmatrix}1&0&-1&-1\\0&1&1&0\\-2&0&0&-4\\2&-3&1&0\end{vmatrix}$$

对第一个四阶行列式按照r_2+2r_1和$r_3+(-2)r_1$变换，再按第一列展开；然后，对第二个四阶行列式按照r_3+2r_1和$r_4+(-2)r_1$变换，再按第一列展开。得

$$D=\begin{vmatrix}1&0&-1&-1\\0&0&-2&-6\\0&-3&3&2\\0&0&-1&4\end{vmatrix}+(-5)\begin{vmatrix}1&0&-1&-1\\0&1&1&0\\0&0&-2&-6\\0&-3&3&2\end{vmatrix}=\begin{vmatrix}0&-3&-6\\-3&3&2\\0&-1&4\end{vmatrix}+(-5)\begin{vmatrix}1&1&0\\0&-2&-6\\-3&3&2\end{vmatrix}$$

最后，对第一个三阶行列式按第一列展开；对第二个三阶行列式按r_3+3r_1变换，再按第一列展开，得

$$D=(-3)(-1)^{2+1}\begin{vmatrix}-3&-6\\-1&4\end{vmatrix}+(-5)\times1\times(-1)^{1+1}\begin{vmatrix}-2&-6\\6&2\end{vmatrix}=-202$$

(2) 分量行列式D_3。

参照系数行列式的计算方法，可以得出计算结果，即

$$D_3=\begin{vmatrix}1&-1&-1&0&0&0\\0&1&0&0&-1&0\\0&0&1&0&0&-1\\0&-2&0&-10&-4&0\\0&2&-3&0&0&0\\0&0&0&0&4&-5\end{vmatrix}=-20$$

(3) 电流I_0、I_1、I_2、I_3、I_4和I_5的计算。

因为$D\neq0$，得$I_3=\dfrac{D_3}{D}=\dfrac{10}{101}\text{A}$；由原方程中的第二个和第四个方程联立求出

$I_1=\frac{175}{101}$A，$I_4=\frac{120}{101}$A；由原方程中的第五个方程求出 $I_2=\frac{165}{101}$A；由原方程中的第一个方程求出 $I_0=\frac{295}{101}$A；由原方程中的第三个方程求出 $I_5=\frac{130}{101}$A。

根据克拉默法则，在线性方程组的系数行列式不等于零时，可以将其解用两个行列式的比值表示。在第 1 章例 1-1 中，我们将方程组 $\begin{cases}\frac{3}{2}I_1-I_2=-5\\-\frac{5}{2}I_1+I_2-2I_3=15\end{cases}$ 的解表示为

$$\begin{cases}I_1=\frac{2}{3}c-\frac{10}{3}\\I_2=c\\I_3=-\frac{2}{3}c+\frac{20}{3}\end{cases}$$

其实质也是利用了克拉默法则得出的。因为设电流 $I_2=c$ 为已知，c 为任意数，则方程组变为

$$\begin{cases}\frac{3}{2}I_1=-5+c\\-\frac{5}{2}I_1-2I_3=15-c\end{cases}$$

因为系数行列式 $D=\begin{vmatrix}\frac{3}{2} & 0\\-\frac{5}{2} & -2\end{vmatrix}=-3\neq 0$，所以

$$I_1=\frac{D_1}{D}=\frac{\begin{vmatrix}-5+c & 0\\15-c & -2\end{vmatrix}}{-3}=\frac{2}{3}c-\frac{10}{3}$$

$$I_3=\frac{D_2}{D}=\frac{\begin{vmatrix}3/2 & -5+c\\-5/2 & 15-c\end{vmatrix}}{-3}=-\frac{2}{3}c+\frac{20}{3}$$

可见，在方程数 r 少于未知量 n 的情况下，若方程有解，则在选取 $(n-r)$ 个未知量作为自由未知量，即假设为已知，而剩余 r 个未知量的系数行列式不等于零，则这 r 个未知量可用行列式的比值“唯一”表示出。

对于式(2-11)的齐次线性方程组，显然是有解的，至少是零解。但是否存在非零解，需要用下述定理加以判断。

定理 2-3　若 n 元齐次线性方程组(2-11)的系数行列式 $D\neq 0$，则它只有零解。

推论　n 元齐次线性方程组(2-11)有非零解的充分必要条件是系数行列式 $D=0$。

本章例 2-4 中利用行列式的性质 2-6 得出其系数行列式等于零。进一步由式(2-9)可得第 1 章式(1-3)中的七个 KVL 方程等同于前三个方程为独立方程的一种情况。这三个方程为

$$\begin{cases} u_1 - u_2 - u_3 \qquad\qquad - u_6 \qquad = 0 \\ \qquad\qquad u_3 - u_4 + u_5 \qquad - u_7 = 0 \\ \qquad\qquad\qquad - u_5 + u_6 - u_7 = 0 \end{cases}$$

因为$r=3$，$n=7$，所以需要选取四个自由未知量。但并非任意选取四个未知量都能够将其余三个未知量“唯一”表示出。例如，选取u_4、u_5、u_6、u_7作为自由未知量，则因未知量u_1、u_2、u_3的系数行列式等于零而无法将其“唯一”表示出。但从例 2-4 计算所得行列式的结果来看，选取u_1、u_3、u_5以外的四个未知量u_2、u_4、u_6、u_7作为自由未知量，则可将未知量u_1、u_3、u_5“唯一”表示出。这是因为u_1、u_3、u_5的系数已经被变换为三个不同的单位向量$\boldsymbol{e}_1=\begin{pmatrix}1\\0\\0\end{pmatrix}$，$\boldsymbol{e}_2=\begin{pmatrix}0\\1\\0\end{pmatrix}$，$\boldsymbol{e}_3=\begin{pmatrix}0\\0\\1\end{pmatrix}$，而由其组成的三阶行列式不等于零，所以$u_1$，$u_3$，$u_5$，能被“唯一”表示为

$$\begin{cases} u_1 = u_2 + u_4 + u_7 \\ u_3 = u_4 - u_6 + u_7 \\ u_5 = u_6 - u_7 \end{cases}$$

或者取$u_2=c_2$，$u_4=c_4$，$u_6=c_6$，$u_7=c_7$，得“唯一”表示式：

$$\begin{cases} u_1 = c_2 + c_4 + c_7 \\ u_2 = c_2 \\ u_3 = c_4 - c_6 + c_7 \\ u_4 = c_4 \\ u_5 = c_6 - c_7 \\ u_6 = c_6 \\ u_7 = c_7 \end{cases}$$

2.3.2 高斯消元法

使用克拉默法则将解用行列式表示后，需要对行列式进行计算，但至少需要计算两个行列式，再使用代入法才能求出解。在这两个行列式的计算过程中，有很多计算是重复的，阶数越高，重复的计算量就越大。而对方程数与未知量不相同的情况，使用行列式比值法亦难于求解。本节介绍的源于行列式性质 2-6 的高斯消元法可使方程组的求解易于进行，而且更为重要的是，不需要计算行列式的值便可以判断解的存在，且在有解的情况下还能将解表示出来。

高斯消元法是基于中学所学代入消元法和行列式性质的一种规整化线性方程组的求解方法，与代入消元法所得结果完全等同。该方法求解线性代数方程组：

$$\begin{cases} a_{11}x_1 + a_{12}x_2 + \cdots + a_{1n}x_n = b_1 \\ a_{21}x_1 + a_{22}x_2 + \cdots + a_{2n}x_n = b_2 \\ \cdots\cdots\cdots\cdots \\ a_{m1}x_1 + a_{m2}x_2 + \cdots + a_{mn}x_n = b_m \end{cases} \tag{2-12}$$

或齐次方程组：

$$\begin{cases} a_{11}x_1 + a_{12}x_2 + \cdots + a_{1n}x_n = 0 \\ a_{21}x_1 + a_{22}x_2 + \cdots + a_{2n}x_n = 0 \\ \cdots\cdots\cdots\cdots \\ a_{m1}x_1 + a_{m2}x_2 + \cdots + a_{mn}x_n = 0 \end{cases} \tag{2-13}$$

的出发点为三个方面。

(1) 互换方程组(2-12)或方程组(2-13)中的两个方程，不改变方程组(2-12)或方程组(2-13)的解。用 $r_i \leftrightarrow r_j(i, j=1, 2, \cdots, m)$ 表示这种互换操作。

(2) 方程组(2-12)或方程组(2-13)中的一个方程各项同乘以一个非零数 k，不改变方程组(2-12)或(2-13)的解。用 $kr_i(i=1, 2, \cdots, m)$ 表示这种数乘操作。

(3) 方程组(2-12)或方程组(2-13)中的两个方程各项分别同乘以非零数 k_1、k_2，然后将这两个方程相加得到一个新的方程，将该新的方程与原方程组(2-12)或方程组(2-13)合为新的方程组，则新的方程组与原方程组(2-12)或方程组(2-13)是同解的方程组。这等同于代入消元法中从一个方程表示出一个未知量，然后代入另一个方程得出一个新的方程，该新的方程与原方程组合在一起形成的新方程组，显然与原方程组同解。换句话说，用非零数 k 乘以方程 j 的各项然后加至另一个方程 i，所得方程与原方程组(2-12)或方程组(2-13)合为新的方程组，不改变原方程组(2-12)或方程组(2-13)的解。用 $r_i + kr_j(i, j=1, 2, \cdots, m)$ 表示这种加法操作。该操作容易用代入法证明其正确性。

例 2-6 求解方程组 $\begin{cases} 3x_1 + 2x_2 + x_3 = 3 \\ 2x_1 + x_2 + 3x_3 = 2 \\ x_1 + 3x_2 + 2x_3 = 1 \end{cases}$。

解 (1) $r_1 \leftrightarrow r_3$。

$$\begin{cases} x_1 + 3x_2 + 2x_3 = 1 \\ 2x_1 + x_2 + 3x_3 = 2 \\ 3x_1 + 2x_2 + x_3 = 3 \end{cases}$$

(2) $r_2 + (-2)r_1$，$r_3 + (-3)r_1$。

$$\begin{cases} x_1 + 3x_2 + 2x_3 = 1 \\ 0x_1 - 5x_2 - x_3 = 0 \\ 0x_1 - 7x_2 - 5x_3 = 0 \end{cases}$$

(3) $7r_2$，$(-5)r_3$。

$$\begin{cases} x_1 + 3x_2 + 2x_3 = 1 \\ 0x_1 - 35x_2 - 7x_3 = 0 \\ 0x_1 + 35x_2 + 25x_3 = 0 \end{cases}$$

(4) $r_3 + r_2$。

$$\begin{cases} x_1 + 3x_2 + 2x_3 = 1 \\ 0x_1 - 35x_2 - 7x_3 = 0 \\ 0x_1 + 0x_2 + 18x_3 = 0 \end{cases}$$

求得 $x_1=1$，$x_2=0$，$x_3=0$。

容易证明，代入消元法亦将得到同样结果。行列式法也可得到该结果，相对冗繁。

例 2-7 求解方程组 $\begin{cases} I_1-I_2-I_3=0 \\ \dfrac{3}{2}I_1-I_2=-5 \\ -\dfrac{5}{2}I_1+I_2-2I_3=U_s \end{cases}$ 中的电流 I_1，I_2，I_3。

解 (1) $2r_2$，$(-2)r_3$。

$$\begin{cases} 1I_1-1I_2-1I_3=0 \\ 3I_1-2I_2=-10 \\ 5I_1-2I_2+4I_3=-2U_s \end{cases}$$

(2) $r_2+(-3)r_1$，$r_3+(-5)r_1$。

$$\begin{cases} 1I_1-1I_2-1I_3=0 \\ 0I_1+1I_2+3I_3=-10 \\ 0I_1+3I_2+9I_3=-2U_s \end{cases}$$

(3) $r_3+(-3)r_2$。

$$\begin{cases} 1I_1-1I_2-1I_3=0 \\ 0I_1+1I_2+3I_3=-10 \\ 0I_1+0I_2+0I_3=30-2U_s \end{cases}$$

显然，当 $U_s\neq 15\text{V}$ 时，将出现零等于非零的矛盾结果，这种情况下方程组无解；当 $U_s=15\text{V}$ 时，方程组等效为

$$\begin{cases} 1I_1-1I_2-1I_3=0 \\ 0I_1+1I_2+3I_3=-10 \end{cases}$$

(4) r_1+r_2。

$$\begin{cases} 1I_1-0I_2+2I_3=-10 \\ 0I_1+1I_2+3I_3=-10 \end{cases}$$

可见，电流 I_1，I_2 的系数行列式为单位向量组成，不等于零，所以选取电流 I_3 为自由未知量，即 $I_3=c$，c 为任意数，得出一种“唯一”解的表示式：

$$\begin{cases} I_1=-10-2c \\ I_2=-10-3c \\ I_3=c \end{cases}$$

向量表示形式为 $\boldsymbol{I}=\begin{pmatrix} I_1 \\ I_2 \\ I_3 \end{pmatrix}=\begin{pmatrix} -2 \\ -3 \\ 1 \end{pmatrix}c+\begin{pmatrix} -10 \\ -10 \\ 0 \end{pmatrix}$。

另外，对方程组 $\begin{cases} 1I_1-1I_2-1I_3=0 \\ 0I_1+1I_2+3I_3=-10 \end{cases}$ 也可以进行运算操作 $r_1+\dfrac{1}{3}r_2$，得

$$\begin{cases} 1I_1 - \dfrac{3}{2}I_2 - 0I_3 = 0 \\ 0I_1 + 1I_2 + 3I_3 = -10 \end{cases}$$

再进行运算操作 $\dfrac{1}{3}r_2$，得

$$\begin{cases} 1I_1 - \left(\dfrac{3}{2}\right)I_2 - 0I_3 = 0 \\ 0I_1 + \left(\dfrac{1}{3}\right)I_2 + 1I_3 = -\left(\dfrac{10}{3}\right) \end{cases}$$

可见，电流 I_1、I_3 的系数行列式为单位向量组成，不等于零，所以选取电流 I_2 为自由未知量，即 $I_2 = c$， c 为任意数，得出另一种“唯一”解表示式：

$$\begin{cases} I_1 = -\left(\dfrac{2}{3}\right)c \\ I_2 = c \\ I_3 = -\left(\dfrac{10}{3}\right) - \left(\dfrac{1}{3}\right)c \end{cases}$$

向量表示形式为 $\boldsymbol{I} = \begin{pmatrix} I_1 \\ I_2 \\ I_3 \end{pmatrix} = \begin{pmatrix} -\dfrac{2}{3} \\ 1 \\ -\dfrac{1}{3} \end{pmatrix} c + \begin{pmatrix} 0 \\ 0 \\ -\dfrac{10}{3} \end{pmatrix}$。

2.4　行列式在电路分析中的应用

电路系统的特性用微分方程描述。微分方程解的存在性、唯一性、稳定性及解的结构或表示问题是获知电路特性必须要解决的核心问题。本节在解存在的前提下，应用行列式的理论讨论在激励为零的情况下，线性电路齐次微分方程解的唯一性、稳定性及基础解组问题。

2.4.1　齐次微分方程解的稳定性

线性电路系统的特性用方程(1-4)中激励 $f(t) = 0$ 的齐次微分方程

$$a_n \frac{\mathrm{d}^n y}{\mathrm{d}t^n} + a_{n-1} \frac{\mathrm{d}^{n-1} y}{\mathrm{d}t^{n-1}} + \cdots + a_0 y = 0 \tag{2-14}$$

描述，其中 a_n，a_{n-1}，…，a_0 为常数。关于该电路的稳定性有下述定理：

定理 2-4　方程(2-14)的特征方程 $a_n p^n + a_{n-1} p^{n-1} + \cdots + a_0 = 0$ 的根全部位于复平面的左半开平面时，则该方程对应的电路是稳定的。

因为一元多项式的因式分解问题尚未完全解决，所以需要寻找其他方法来进行特征方程的根在复平面上所处位置的判定，电路分析中常采用霍尔维兹提出的行列式法

来判定。

首先，为满足定理 2-4 的要求，齐次微分方程(2-14)中的每个系数都必须大于零。其次，用齐次微分方程(2-14)的系数a_n，a_{n-1}，…，a_0可以构造霍尔维兹行列式

$$\Delta_n = \begin{vmatrix} a_{n-1} & a_{n-3} & a_{n-5} & \cdots & 0 & 0 \\ a_n & a_{n-2} & a_{n-4} & \cdots & 0 & 0 \\ 0 & a_{n-1} & a_{n-3} & \cdots & 0 & 0 \\ 0 & a_n & a_{n-2} & \cdots & 0 & 0 \\ \vdots & \vdots & \vdots & & \vdots & \vdots \\ 0 & 0 & 0 & \cdots & a_1 & 0 \\ 0 & 0 & 0 & \cdots & a_2 & a_0 \end{vmatrix}$$

霍尔维兹指出，当且仅当所有的子行列式$\Delta_i > 0(i=1, 2, \cdots, n)$时，多项式$f(p)=a_n p^n + a_{n-1}p^{n-1}+\cdots+a_0$的根全部位于复平面的左半开平面。其中

$$\Delta_1 = a_{n-1}$$

$$\Delta_2 = \begin{vmatrix} a_{n-1} & a_{n-3} \\ a_n & a_{n-2} \end{vmatrix}$$

$$\Delta_3 = \begin{vmatrix} a_{n-1} & a_{n-3} & a_{n-5} \\ a_n & a_{n-2} & a_{n-4} \\ 0 & a_{n-1} & a_{n-3} \end{vmatrix}$$

……

例 2-8 判断齐次方程$\dfrac{d^4y}{dt^4}+5\dfrac{d^3y}{dt^3}+9\dfrac{d^2y}{dt^2}+7\dfrac{dy}{dt}+2y=0$对应的电路系统是否稳定。

解 首先，从所给微分方程知，所有系数都大于零。霍尔维兹行列式如下：

$$\Delta_4 = \begin{vmatrix} a_3 & a_1 & 0 & 0 \\ a_4 & a_2 & a_0 & 0 \\ 0 & a_3 & a_1 & 0 \\ 0 & a_4 & a_2 & a_0 \end{vmatrix} = \begin{vmatrix} 5 & 7 & 0 & 0 \\ 1 & 9 & 2 & 0 \\ 0 & 5 & 7 & 0 \\ 0 & 1 & 9 & 2 \end{vmatrix}$$

容易求出霍尔维兹各子行列：

$$\Delta_1 = 5 > 0$$

$$\Delta_2 = \begin{vmatrix} 5 & 7 \\ 1 & 9 \end{vmatrix} = 38 > 0$$

$$\Delta_3 = \begin{vmatrix} 5 & 7 & 0 \\ 1 & 9 & 2 \\ 0 & 5 & 7 \end{vmatrix} = 214 > 0$$

$$\Delta_4 = \begin{vmatrix} 5 & 7 & 0 & 0 \\ 1 & 9 & 2 & 0 \\ 0 & 5 & 7 & 0 \\ 0 & 1 & 9 & 2 \end{vmatrix} = 428 > 0$$

所以该电路系统是稳定的。当然，若易于求根，则可直接判定系统是否稳定。

2.4.2　齐次微分方程的基础解组

定义 2-2　设函数组 $\varphi_1(t)$，$\varphi_2(t)$，…，$\varphi_n(t)$ 中每一个函数均在区间 $[a,\ b]$ 上有 $n-1$ 阶导数，则称行列式：

$$w(t)=\begin{vmatrix}\varphi_1(t) & \varphi_2(t) & \cdots & \varphi_n(t)\\ \varphi_1'(t) & \varphi_2'(t) & \cdots & \varphi_n'(t)\\ \vdots & \vdots & & \vdots\\ \varphi_1^{(n-1)}(t) & \varphi_2^{(n-1)}(t) & \cdots & \varphi_n^{(n-1)}(t)\end{vmatrix}$$

为已知函数组 $\varphi_1(t)$，$\varphi_2(t)$，…，$\varphi_n(t)$ 的朗斯基行列式。若 $w(t)\neq 0$，则称函数组 $\varphi_1(t)$，$\varphi_2(t)$，…，$\varphi_n(t)$ 线性无关。

定理 2-5　n 阶齐次线性微分方程(2-14)的线性无关解的个数不超过 n 个。当 $w(t)\neq 0$ 时，方程(2-14)的解可由 $\varphi_1(t)$，$\varphi_2(t)$，…，$\varphi_n(t)$ 组合构成，即

$$y(t)=N_1\varphi_1(t)+N_2\varphi_2(t)+\cdots+N_n\varphi_n(t)$$

其中，N_1，N_2，…，N_n 是积分常数，由 $y(t)$ 的初始值确定。

定义 2-3　方程(2-14)在区间 $[a,\ b]$ 上的 n 个线性无关解称该方程的基础解组。

定理 2-6　若方程(2-14)的特征方程 $a_np^n+a_{n-1}p^{n-1}+\cdots+a_0=0$ 有 n 个互异根 p_1，p_2，…，p_n，则

$$\varphi_1(t)=\mathrm{e}^{p_1t},\quad \varphi_2(t)=\mathrm{e}^{p_2t},\quad \cdots,\quad \varphi_n(t)=\mathrm{e}^{p_nt}$$

是方程(2-14)的一个基础解组。

证明：对 $\varphi_1(t)=\mathrm{e}^{p_1t}$，$\varphi_2(t)=\mathrm{e}^{p_2t}$，…，$\varphi_n(t)=\mathrm{e}^{p_nt}$ 求出一阶导数，二阶导数……直至 $n-1$ 阶导数，代入朗斯基行列式，得

$$w(t)=\begin{vmatrix}\mathrm{e}^{p_1t} & \mathrm{e}^{p_2t} & \cdots & \mathrm{e}^{p_nt}\\ p_1\mathrm{e}^{p_1t} & p_2\mathrm{e}^{p_2t} & \cdots & p_n\mathrm{e}^{p_nt}\\ \vdots & \vdots & & \vdots\\ p_1^{n-1}\mathrm{e}^{p_1t} & p_2^{n-1}\mathrm{e}^{p_2t} & \cdots & p_n^{n-1}\mathrm{e}^{p_nt}\end{vmatrix}$$

$$=\mathrm{e}^{(p_1+p_2+\cdots+p_n)t}\begin{vmatrix}1 & 1 & \cdots & 1\\ p_1 & p_2 & \cdots & p_n\\ \vdots & \vdots & & \vdots\\ p_1^{n-1} & p_2^{n-1} & \cdots & p_n^{n-1}\end{vmatrix}\neq 0$$

其中，$\begin{vmatrix}1 & 1 & \cdots & 1\\ p_1 & p_2 & \cdots & p_n\\ \vdots & \vdots & & \vdots\\ p_1^{n-1} & p_2^{n-1} & \cdots & p_n^{n-1}\end{vmatrix}=\prod\limits_{1\leqslant j<i\leqslant n}(p_i-p_j)\neq 0$ 为著名的范德蒙行列式，当 p_1，p_2，…，p_n 各不相同时，其值不等于零。在例 2-1 中我们证明了三阶范德蒙行列式的结果，完整的证明可采用归纳法，具体请参阅相关书籍。$p_1+p_2+\cdots+p_n$ 由多项式的系数确定。依据定理

1-1，由一元一次方程和一元二次方程根与系数的关系可以证明 $e^{(p_1+p_2+\cdots+p_n)t}\neq 0$。

若特征方程存在二重根，即 $p_1=p_2$，则基础解组为 $\varphi_1(t)=e^{p_1t}$，$\varphi_2(t)=te^{p_1t}$。若特征方程存在三重根，即 $p_1=p_2=p_3$，则基础解组为 $\varphi_1(t)=e^{p_1t}$，$\varphi_2(t)=te^{p_1t}$，$\varphi_3(t)=t^2e^{p_1t}$。依此类推，可得更高重根的基础解组。

对于特征根为复数的情况，我们将在第 4 章进行讨论。

2.4.3 线性微分方程解的唯一性

定理 2-7 如果微分方程(1-4)右端的等效函数：

$$F(t)=b_m\frac{d^m f}{dt^m}+b_{m-1}\frac{d^{m-1}f}{dt^{m-1}}+\cdots+b_0f$$

在区间 $[a,\ b]$ 上连续，则对于 $[a,\ b]$ 上任一 t_0 以及任意给定的 y_0，y_0'，…，$y_0^{(n-1)}$，方程(1-4)满足初始条件：

$$y(t_0)=y_0,\ y'(t_0)=y_0',\ \cdots,\ y^{(n-1)}(t_0)=y_0^{(n-1)}$$

的解在 $[a,\ b]$ 上存在且唯一。

这里先对激励 $f(t)=0$ 的情况进行讨论。因为方程(1-4)变化为齐次方程(2-14)，所以在特征根 p_1，p_2，…，p_n 互异的情况下，根据定理 2-3，完全解为

$$y(t)=N_1e^{p_1t}+N_2e^{p_2t}+\cdots+N_ne^{p_nt}$$

已知初始值 $y(0)=y_0$，$y'(0)=y_0'$，…，$y^{(n-1)}(0)=y_0^{(n-1)}$，由 $y(t)$ 及其导数 $y'(t)$，$y''(t)$，$y^{(3)}(t)$，…，$y^{(n-1)}(t)$，可得

$$\begin{cases}y(0)=N_1+N_2+\cdots+N_n\\ y'(0)=N_1p_1+N_2p_2+\cdots+N_np_n\\ \cdots\cdots\cdots\cdots\\ y^{(n-1)}(0)=N_1p_1^{n-1}+N_2p_2^{n-1}+\cdots+N_np_n^{n-1}\end{cases}$$

显然，由于系数行列式为范德蒙行列式，当 p_1，p_2，…，p_n 不同时，其值不等于零，所以积分常数 N_1，N_2，…，N_n 唯一。因而完全解 $y(t)=N_1e^{p_1t}+N_2e^{p_2t}+\cdots+N_ne^{p_nt}$ 为唯一解。

对于激励 $f(t)\neq 0$ 的情况将在第 4 章讨论。

例 2-9 设电容电压 $u_C(t)$ 满足微分方程 $\frac{d^2u_C}{dt^2}+2\frac{du_C}{dt}+u_C=0$，已知初始值为 $u_C(0), u_C'(0)$。求电容电压 $u_C(t)$ 的唯一解。

解 特征方程为 $p^2+2p+1=0$，因此，特征根为 $p_1=p_2=-1$，是二重根。

完全解为

$$u_C(t)=N_1e^{-t}+N_2te^{-t}$$

一阶导数为

$$u_C'(t)=-N_1e^{-t}-N_2te^{-t}+N_2e^{-t}$$

代入初始值 $u_C(0)$、$u_C'(0)$，得

$$\begin{cases}u_C(0)=N_1\\u'_C(0)=-N_1+N_2\end{cases}$$

解出

$$N_1=u_C(0),\ N_2=u'_C(0)+u_C(0)$$

所以，唯一解为

$$u_C(t)=u_C(0)\mathrm{e}^{-t}+[u_C(0)+u'_C(0)]t\mathrm{e}^{-t}$$

习题 2

(1) 计算下述二阶行列式的值。

① $\begin{vmatrix}1&1\\3&5\end{vmatrix}$；② $\begin{vmatrix}2&3\\4&9\end{vmatrix}$；③ $\begin{vmatrix}1&3\\2&9\end{vmatrix}$；④ $\begin{vmatrix}2&1\\4&3\end{vmatrix}$；⑤ $\begin{vmatrix}1&\sqrt{3}\\\sqrt{3}&1\end{vmatrix}$；⑥ $\begin{vmatrix}2&4\\3&9\end{vmatrix}$；⑦ $\begin{vmatrix}1&3\\2&6\end{vmatrix}$；⑧ $\begin{vmatrix}2&4\\3&6\end{vmatrix}$；⑨ $\begin{vmatrix}\sin 30^\circ&\cos 30^\circ\\\cos 30^\circ&-\sin 30^\circ\end{vmatrix}$。

(2) 计算下述行列式的值。

① $\begin{vmatrix}1&1&1\\3&5&6\\9&25&36\end{vmatrix}$；② $\begin{vmatrix}1&1&1\\3&5&7\\2&3&4\end{vmatrix}$；③ $\begin{vmatrix}1&1&1\\3&5&7\\2a&3a&4a\end{vmatrix}$；④ $\begin{vmatrix}1&1&1\\3&5&7\\9&13&17\end{vmatrix}$；⑤ $\begin{vmatrix}2&3&5\\6&9&15\\4&6&8\end{vmatrix}$；

⑥ $\begin{vmatrix}1&2&3\\2&3&1\\3&1&2\end{vmatrix}$；⑦ $\begin{vmatrix}1&2&3\\0&-1&-5\\3&1&2\end{vmatrix}$；⑧ $\begin{vmatrix}1&2&3\\0&-1&-5\\0&-5&-7\end{vmatrix}$；⑨ $\begin{vmatrix}2&3&5\\0&9&15\\0&0&8\end{vmatrix}$；⑩ $\begin{vmatrix}1&0&0&0\\2&3&0&0\\3&1&2&0\\2&1&1&4\end{vmatrix}$；

⑪ $\begin{vmatrix}0&0&3\\0&-1&-5\\3&1&2\end{vmatrix}$；⑫ $\begin{vmatrix}0&0&0&2\\0&0&7&3\\0&13&17&4\\1&3&4&7\end{vmatrix}$。

(3) 证明：$\begin{vmatrix}1&1&1\\t_1&t_2&t_3\\t_1^2&t_2^2&t_3^2\end{vmatrix}=(t_1-t_2)(t_2-t_3)(t_1-t_3)$。

(4) 证明：$\begin{vmatrix}1&2&3\\2&3&1\\3&1&2\end{vmatrix}=\begin{vmatrix}1&2&3\\0&-1&-5\\0&0&18\end{vmatrix}=-18d_3$，其中 $d_3=\begin{vmatrix}1&0&0\\0&1&0\\0&0&1\end{vmatrix}$ 为三阶单位行列式。

(5) 证明：若 n 阶行列式的值不等于零，则该行列式等于其值乘以 n 阶单位行列式。

(6) 求下述方程组的解。

① $\begin{cases} x_1 + x_2 = 4 \\ x_2 + x_3 = 5 \\ x_1 + x_3 = 6 \end{cases}$；② $\begin{cases} i_1 + i_2 - i_0 = 0 \\ 66i_1 + 1000i_0 = 5 \\ 70i_2 + 1000i_0 = 4 \end{cases}$；③ $\begin{cases} I_1 - I_2 - I_3 = 0 \\ 2I_1 - I_2 = -5 \\ -3I_1 + I_2 - 2I_3 = 10 \end{cases}$。

(7) 利用行列式的定义证明行列式的性质 2-2、性质 2-3 和性质 2-5。

(8) 计算下列三阶行列式的转置行列式的值。

① $\begin{vmatrix} t & t^2 & t^3 \\ 1 & 2t & 3t^2 \\ 0 & 2 & 6t \end{vmatrix}$；② $\begin{vmatrix} 1 & 1 & 1 \\ \sin t & \cos t & -\sin t \\ \cos t & -\sin t & -\cos t \end{vmatrix}$。

(9) 对于下述七个向量，任取其中的五个作为行列式的列元素组成五阶行列式，验证各五阶行列式的值均为零。

$$\boldsymbol{a}_1 = \begin{pmatrix} -1 \\ 0 \\ 0 \\ 0 \\ 1 \end{pmatrix},\ \boldsymbol{a}_2 = \begin{pmatrix} -1 \\ 1 \\ 0 \\ 0 \\ 0 \end{pmatrix},\ \boldsymbol{a}_3 = \begin{pmatrix} 0 \\ -1 \\ 1 \\ 0 \\ 0 \end{pmatrix},\ \boldsymbol{a}_4 = \begin{pmatrix} 0 \\ -1 \\ 0 \\ 1 \\ 0 \end{pmatrix},\ \boldsymbol{a}_5 = \begin{pmatrix} 0 \\ 0 \\ -1 \\ 1 \\ 0 \end{pmatrix},\ \boldsymbol{a}_6 = \begin{pmatrix} 0 \\ 0 \\ -1 \\ 0 \\ 1 \end{pmatrix},\ \boldsymbol{a}_7 = \begin{pmatrix} 0 \\ 0 \\ 0 \\ -1 \\ 1 \end{pmatrix}$$

(10) 由例 2-5 给出的方程组，运用行列式法求出电流 I_4 的值。

(11) 用行列式法求下述方程组的解。

① $\begin{cases} x_1 + 2x_2 + 3x_3 = 1 \\ 2x_1 + 2x_2 + 5x_3 = 2 \\ 3x_1 + 5x_2 + x_3 = 3 \end{cases}$；② $\begin{cases} x_1 + x_2 + x_3 = 2 \\ x_1 + 2x_2 + 4x_3 = 3 \\ x_1 + 3x_2 + 9x_3 = 5 \end{cases}$。

(12) 描述三相四线制电路特性的方程组为

$$\begin{cases} \dot{I}_1 + \dot{I}_2 + \dot{I}_3 - \dot{I}_0 = 0 \\ \dot{I}_1 + \dot{I}_0 = 220\mathrm{e}^{\mathrm{j}0^\circ} \\ \mathrm{j}\dot{I}_2 + \dot{I}_0 = 220\mathrm{e}^{-\mathrm{j}120^\circ} \\ -\mathrm{j}\dot{I}_3 + \dot{I}_0 = 220\mathrm{e}^{\mathrm{j}120^\circ} \end{cases}$$

运用行列式法求出中线电流 $\dot{I}_0$ 的值。

(13) 对于例 2-4 中的七阶行列式 D，任意取四行和四列，验证其相交处的元素按照其原有分布组成的四阶行列式的值均为零。例如一、三、四、六行和二、三、四、六列交叉处的元素组成的行列式为

$$D_4 = \begin{vmatrix} -1 & -1 & 0 & -1 \\ 0 & 0 & 0 & 1 \\ -1 & 0 & -1 & 0 \\ -1 & 0 & -1 & -1 \end{vmatrix}$$

验证 $D_4 = 0$。

(14) 对于例 2-4 中的七阶行列式 D，任意取三行和三列，验证其相交处的元素按照其原有分布组成的三阶行列式的值不全为零。例如一、三、四行和二、三、六列交叉处的元素组成的行列式为

$$D_3 = \begin{vmatrix} -1 & -1 & -1 \\ 0 & 0 & 1 \\ -1 & 0 & 0 \end{vmatrix}$$

验证 $D_3 \neq 0$。

(15) 对于例 2-4 中的七阶行列式 D，任意交换七行中任意两行得出的行列式 D'，有类同于题 (13) 和题 (14) 的结果，试加以验证。

(16) 对于例 1-1 中的方程组：

$$\begin{cases} I_1 - I_2 - I_3 = 0 \\ (\mu - 1)I_1 - I_2 = -5 \\ -\mu I_1 + I_2 - 2I_3 = U_s \end{cases}$$

①当 $2\mu - 5 = 0$，$U_s \neq 15$ 时，方程组无解。这是因为系数行列式等于零而分量行列式不等于零。试加以验证；

②当 $2\mu - 5 = 0$，$U_s = 15$ 时，方程组有无穷多解。这可能是因为系数行列式等于零而分量行列式也等于零，但极限存在。试加以验证。

(17) 用高斯消元法求解线性方程组：

$$\begin{cases} -i_1 - i_2 = 0 \\ i_2 - i_3 - i_4 = 0 \\ i_3 - i_5 - i_6 = 0 \\ i_4 + i_5 - i_7 = 0 \\ i_1 + i_6 + i_7 = 0 \end{cases}$$

(18) 用高斯消元法求解线性方程组：

$$\begin{cases} I_0 - I_1 - I_2 = 0 \\ I_1 - I_3 - I_4 = 0 \\ I_2 + I_3 - I_5 = 0 \\ 2I_1 - 4I_4 = -10 \\ 2I_1 - 3I_2 + I_3 = 0 \\ I_3 + 4I_4 - 5I_5 = 0 \end{cases}$$

(19) 判断下述特征多项式的根是否在复平面的左半开平面。

① $f(p) = p^2 + (3 - A)p + \omega_0^2$；

② $f(p) = p^3 + \alpha$；

③ $f(p) = p^4 + 5p^3 + 9p^2 + 7p + 2$；

④ $f(p) = 3p^3 + 5p^2 + 11p + 6$；

⑤ $f(p) = p^4 + 3p^3 + 5p^2 + 4p + 2$。

(20) 利用朗斯基行列式验证下列函数组线性无关。

①$1, t, t^2, t^3$；

②$1, e^t, e^{2t}, e^{3t}, e^{4t}$；

③$\sin t, \sin 2t, \sin 3t, \sin 4t, \sin 5t$；

④$\cot t, \cot 2t, \cos 3t, \cos 4t, \cos 5t$；

⑤$\sin t, \sin 2t, \cos t, \cos 2t$；

⑥$1, e^t \sin t, e^t \cos t, e^{2t} \sin t, e^{2t} \cos t$；

⑦$1, e^t \sin 2t, e^t \cos 2t, e^{2t} \sin 2t, e^{2t} \cos 2t$；

⑧$1, e^t, te^t, t^2 e^t, e^{2t}$；

⑨$1, \sin t, t\sin t, \cos t, t\cos t, t^2 \cos t$；

⑩$1, \sin t, t\sin t, e^t, te^t, e^t \sin t, te^t \sin t$。

第 3 章　秩与解的存在性和结构

第 2 章利用行列式理论对 n 个未知量 n 个方程的求解问题进行了分析讨论。本章将在第 2 章的基础上，引入矩阵秩的概念，深入讨论解的存在性问题。并利用矩阵的秩，诠释向量组的秩，从而解决线性代数方程组解的结构问题。

3.1　矩　　阵

采用高斯消元法对线性方程组进行求解的过程中，我们对方程中未知量的系数和常数进行数乘和加法运算操作，这在例 2-8 和例 2-9 中已经明确地展示了这一过程。若将这些数从方程中提取出来构成一个数表，则运算操作将更易进行，行(列)之间的相关性将更易被发现。这种数表就是矩阵。

3.1.1　矩阵及其运算

定义 3-1　由 $m\times n$ 个数 $a_{ij}(i=1, 2, \cdots, m;\ j=1, 2, \cdots, n)$ 排成的 m 行 n 列数表：

$$\begin{matrix} a_{11} & a_{12} & \cdots & a_{1n} \\ a_{21} & a_{22} & \cdots & a_{2n} \\ \vdots & \vdots & & \vdots \\ a_{m1} & a_{m2} & \cdots & a_{mn} \end{matrix}$$

称为 m 行 n 列矩阵，简称 $m\times n$ 矩阵。用大写字母表示为

$$\boldsymbol{A}=\begin{pmatrix} a_{11} & a_{12} & \cdots & a_{1n} \\ a_{21} & a_{22} & \cdots & a_{2n} \\ \vdots & \vdots & & \vdots \\ a_{m1} & a_{m2} & \cdots & a_{mn} \end{pmatrix}$$

其中，m 与 n 存在大于、等于和小于三种情况。当 $m=n$ 时，称矩阵为方阵，方阵的很多特性将在下面表述。

线性方程组 (1-5) 在第 1 章中被表示为向量形式 (1-6)，其系数组成的向量 $\boldsymbol{a}_1$，$\boldsymbol{a}_2$，…，$\boldsymbol{a}_n$ 和常数组成的向量 $\boldsymbol{b}$ 为

$$\boldsymbol{a}_1=\begin{pmatrix} a_{11} \\ a_{21} \\ \vdots \\ a_{m1} \end{pmatrix},\ \boldsymbol{a}_2=\begin{pmatrix} a_{12} \\ a_{22} \\ \vdots \\ a_{m2} \end{pmatrix},\ \cdots,\ \boldsymbol{a}_n=\begin{pmatrix} a_{1n} \\ a_{2n} \\ \vdots \\ a_{mn} \end{pmatrix},\ \boldsymbol{b}=\begin{pmatrix} b_1 \\ b_2 \\ \vdots \\ b_m \end{pmatrix}$$

它们都是$m\times 1$矩阵。由系数向量$\boldsymbol{a}_1$，$\boldsymbol{a}_2$，…，$\boldsymbol{a}_n$可以组成系数矩阵：

$$A=(\boldsymbol{a}_1,\ \boldsymbol{a}_2,\ \cdots,\ \boldsymbol{a}_n)=\begin{pmatrix} a_{11} & a_{12} & \cdots & a_{1n} \\ a_{21} & a_{22} & \cdots & a_{2n} \\ \vdots & \vdots & & \vdots \\ a_{m1} & a_{m2} & \cdots & a_{mn} \end{pmatrix}$$

它是$m\times n$矩阵。未知量组成的向量$\boldsymbol{x}=\begin{pmatrix} x_1 \\ x_2 \\ \vdots \\ x_n \end{pmatrix}$则是$n\times 1$矩阵。因此，线性方程组(1-5)可用矩阵表示为

$$\begin{pmatrix} a_{11} & a_{12} & \cdots & a_{1n} \\ a_{21} & a_{22} & \cdots & a_{2n} \\ \vdots & \vdots & & \vdots \\ a_{m1} & a_{m2} & \cdots & a_{mn} \end{pmatrix}\begin{pmatrix} x_1 \\ x_2 \\ \vdots \\ x_n \end{pmatrix}=\begin{pmatrix} b_1 \\ b_2 \\ \vdots \\ b_m \end{pmatrix} \tag{3-1}$$

或者简写为$\boldsymbol{Ax}=\boldsymbol{b}$。

高斯消元法同时对线性方程组的系数$\boldsymbol{a}_1$，$\boldsymbol{a}_2$，…，$\boldsymbol{a}_n$和常数$\boldsymbol{b}$进行运算操作，可将二者用矩阵$\boldsymbol{B}$表示，即

$$\boldsymbol{B}=(A,\ \boldsymbol{b})=(\boldsymbol{a}_1,\ \boldsymbol{a}_2,\ \cdots,\ \boldsymbol{a}_n,\ \boldsymbol{b})=\begin{pmatrix} a_{11} & a_{12} & \cdots & a_{1n} & b_1 \\ a_{21} & a_{22} & \cdots & a_{2n} & b_2 \\ \vdots & \vdots & & \vdots & \vdots \\ a_{m1} & a_{m2} & \cdots & a_{mn} & b_n \end{pmatrix}$$

它是$m\times(n+1)$矩阵，称为增广矩阵。

矩阵可以进行加法和数乘运算，因此构成线性代数系统。但乘法和“除法”运算只能在有限条件下进行。

1. 矩阵的加法

定义 3-2 设矩阵$\boldsymbol{A}=(a_{ij})_{m\times n}$和$\boldsymbol{B}=(b_{ij})_{m\times n}$为同型矩阵，其中$i=1,\ 2,\ \cdots,\ m$，$j=1,\ 2,\ \cdots n$，则$\boldsymbol{A}$与$\boldsymbol{B}$的和定义为

$$\boldsymbol{A}+\boldsymbol{B}=(a_{ij})_{m\times n}+(b_{ij})_{m\times n}=(a_{ij}+b_{ij})_{m\times n}=\begin{pmatrix} a_{11}+b_{11} & a_{12}+b_{12} & \cdots & a_{1n}+b_{1n} \\ a_{21}+b_{21} & a_{22}+b_{22} & \cdots & a_{2n}+b_{2n} \\ \vdots & \vdots & & \vdots \\ a_{m1}+b_{m1} & a_{m2}+b_{m2} & \cdots & a_{mn}+b_{mn} \end{pmatrix} \tag{3-2}$$

设$\boldsymbol{B}=(b_{ij})_{m\times n}$，称$(-b_{ij})_{m\times n}$为$\boldsymbol{B}$的负矩阵，记作$-\boldsymbol{B}$。这时$\boldsymbol{A}+(-\boldsymbol{B})=\boldsymbol{A}-\boldsymbol{B}$，称为$\boldsymbol{A}$与$\boldsymbol{B}$的差，或称为矩阵的减法运算。

矩阵的加(减)法运算满足交换律和结合律。

2. 数与矩阵的乘法

定义 3-3　设矩阵 $\boldsymbol{A}=(a_{ij})_{m\times n}$， k 是一个数，矩阵 $(ka_{ij})_{m\times n}$ 称为数 k 与矩阵 $\boldsymbol{A}$ 的乘积，记作 $k\boldsymbol{A}$，即

$$k\boldsymbol{A}=(ka_{ij})_{m\times n}=\begin{pmatrix} ka_{11} & ka_{12} & \cdots & ka_{1n} \\ ka_{21} & ka_{22} & \cdots & ka_{2n} \\ \vdots & \vdots & & \vdots \\ ka_{m1} & ka_{m2} & \cdots & ka_{mn} \end{pmatrix}=k\begin{pmatrix} a_{11} & a_{12} & \cdots & a_{1n} \\ a_{21} & a_{22} & \cdots & a_{2n} \\ \vdots & \vdots & & \vdots \\ a_{m1} & a_{m2} & \cdots & a_{mn} \end{pmatrix} \tag{3-3}$$

根据定义，容易验证下述关系：

$$\begin{cases} (k_1k_2\boldsymbol{A})=k_1(k_2\boldsymbol{A})=k_2(k_1\boldsymbol{A}) \\ (k_1+k_2)\boldsymbol{A}=k_1\boldsymbol{A}+k_2\boldsymbol{A} \\ k(\boldsymbol{A}+\boldsymbol{B})=k\boldsymbol{A}+k\boldsymbol{B} \end{cases} \tag{3-4}$$

3. 矩阵的转置

定义 3-4　将 $m\times n$ 矩阵 $\boldsymbol{A}$ 的行 m 换成同序数的列 n 得到的 $n\times m$ 矩阵，称为 $\boldsymbol{A}$ 的转置矩阵，记为 $\boldsymbol{A}^{\mathrm{T}}$，即若 $\boldsymbol{A}=\begin{pmatrix} a_{11} & a_{12} & \cdots & a_{1n} \\ a_{21} & a_{22} & \cdots & a_{2n} \\ \vdots & \vdots & & \vdots \\ a_{m1} & a_{m2} & \cdots & a_{mn} \end{pmatrix}$，则 $\boldsymbol{A}^{\mathrm{T}}=\begin{pmatrix} a_{11} & a_{21} & \cdots & a_{m1} \\ a_{12} & a_{22} & \cdots & a_{m2} \\ \vdots & \vdots & & \vdots \\ a_{1n} & a_{2n} & \cdots & a_{mn} \end{pmatrix}$。

矩阵的转置也是一种运算，且满足下述运算规则：

$$\begin{cases} (\boldsymbol{A}^{\mathrm{T}})^{\mathrm{T}}=\boldsymbol{A} \\ (k\boldsymbol{A})^{\mathrm{T}}=k\boldsymbol{A}^{\mathrm{T}} \\ (\boldsymbol{A}+\boldsymbol{B})^{\mathrm{T}}=\boldsymbol{A}^{\mathrm{T}}+\boldsymbol{B}^{\mathrm{T}} \\ (\boldsymbol{A}\boldsymbol{B})^{\mathrm{T}}=\boldsymbol{B}^{\mathrm{T}}\boldsymbol{A}^{\mathrm{T}} \end{cases} \tag{3-5}$$

特别地，对于 $m\times 1$ 矩阵，其转置矩阵为 $1\times m$。即列向量 $\boldsymbol{a}=\begin{pmatrix} a_1 \\ a_2 \\ \vdots \\ a_m \end{pmatrix}$ 转置后成为行向量 $\boldsymbol{a}^{\mathrm{T}}=(a_1,\ a_2,\ \cdots,\ a_m)$。

4. 矩阵的乘法

定义 3-5　设矩阵 $\boldsymbol{A}=(a_{ij})_{m\times s}$ 和 $\boldsymbol{B}=(b_{ij})_{s\times n}$，其中 $i=1,\ 2,\ \cdots,\ m$， $j=1,\ 2,\ \cdots,\ n$，称矩阵 $\boldsymbol{C}=(c_{ij})_{m\times n}$ 为矩阵 $\boldsymbol{A}$ 左乘以矩阵 $\boldsymbol{B}$，记作 $\boldsymbol{C}=\boldsymbol{A}\boldsymbol{B}$，其中

$$\boldsymbol{C}=\sum_{k=1}^{s}a_{ik}b_{kj} \tag{3-6}$$

矩阵乘法的定义包含了大量的信息。首先，两个矩阵相乘不是可逆的。矩阵 $\boldsymbol{A}$ 之所以能左乘以矩阵 $\boldsymbol{B}$，是因为矩阵 $\boldsymbol{A}$ 的列数等于矩阵 $\boldsymbol{B}$ 的行数。所以矩阵 $\boldsymbol{A}$ 左乘以矩阵 $\boldsymbol{B}$

的操作可进行，但矩阵 $\boldsymbol{B}$ 左乘以矩阵 $\boldsymbol{A}$ 的操作不一定能够进行。例如 $\boldsymbol{A}=\begin{pmatrix}1\\1\\1\end{pmatrix}$，$\boldsymbol{B}=\begin{pmatrix}1 & 1\end{pmatrix}$，$\boldsymbol{AB}$ 可以进行，但 $\boldsymbol{BA}$ 不能进行。这说明矩阵的乘法不可逆。

其次，两个矩阵相乘不满足交换律。两个阶数相同的方阵 $\boldsymbol{A}$ 和 $\boldsymbol{B}$，可以用 $\boldsymbol{A}$ 左乘以矩阵 $\boldsymbol{B}$，也可以用 $\boldsymbol{B}$ 左乘以矩阵 $\boldsymbol{A}$，但一般 $\boldsymbol{AB}\neq\boldsymbol{BA}$。

再者，两个矩阵相乘不满足消去律。即若有矩阵关系 $\boldsymbol{AB}=\boldsymbol{AC}$，则矩阵 $\boldsymbol{B}$ 不一定等于矩阵 $\boldsymbol{C}$。还有，若 $\boldsymbol{AB}=\boldsymbol{0}$，并不一定有 $\boldsymbol{A}=\boldsymbol{0}$，$\boldsymbol{B}=\boldsymbol{0}$ 的结果。

例 3-1 设矩阵

$$\boldsymbol{A}=\begin{pmatrix}1 & 1\\-1 & -1\end{pmatrix},\ \boldsymbol{B}=\begin{pmatrix}-2 & 1\\2 & -1\end{pmatrix},\ \boldsymbol{C}=\begin{pmatrix}2 & 3\\1 & -3\end{pmatrix},\ \boldsymbol{D}=\begin{pmatrix}1 & -1\\2 & 1\end{pmatrix}$$

计算 $\boldsymbol{AB}$，$\boldsymbol{BA}$，$\boldsymbol{AC}$ 和 $\boldsymbol{AD}$。

解 (1) 计算 $\boldsymbol{AB}$。

$$\boldsymbol{AB}=\begin{pmatrix}1 & 1\\-1 & -1\end{pmatrix}\begin{pmatrix}-2 & 1\\2 & -1\end{pmatrix}=\begin{pmatrix}1\times(-2)+1\times 2 & 1\times 1+1\times(-1)\\(-1)\times(-2)+(-1)\times 2 & (-1)\times 1+(-1)\times(-1)\end{pmatrix}=\begin{pmatrix}0 & 0\\0 & 0\end{pmatrix}$$

(2) 计算 $\boldsymbol{BA}$。

$$\boldsymbol{BA}=\begin{pmatrix}-2 & 1\\2 & -1\end{pmatrix}\begin{pmatrix}1 & 1\\-1 & -1\end{pmatrix}=\begin{pmatrix}-3 & -3\\3 & 3\end{pmatrix}$$

(3) 计算 $\boldsymbol{AC}$。

$$\boldsymbol{AC}=\begin{pmatrix}1 & 1\\-1 & -1\end{pmatrix}\begin{pmatrix}2 & 3\\1 & -3\end{pmatrix}=\begin{pmatrix}3 & 0\\-3 & 0\end{pmatrix}$$

(4) 计算 $\boldsymbol{AD}$。

$$\boldsymbol{AD}=\begin{pmatrix}1 & 1\\-1 & -1\end{pmatrix}\begin{pmatrix}1 & -1\\2 & 1\end{pmatrix}=\begin{pmatrix}3 & 0\\-3 & 0\end{pmatrix}$$

3.1.2 方阵

方阵作为行元素 n 等于列元素 n 的一种特殊矩阵，具有很多特性，例如可以用其 $n\times n$ 个元素组成行列式等。

1. 单位矩阵

若一个 $n\times n$ 矩阵主对角线上的所有元素都为1，而其余元素均为零，则称该矩阵为单位矩阵，记为 $\boldsymbol{E}_n$，即

$$\boldsymbol{E}_n=\begin{pmatrix}1 & 0 & \cdots & 0\\0 & 1 & \cdots & 0\\\vdots & \vdots & & \vdots\\0 & 0 & \cdots & 1\end{pmatrix}\tag{3-7}$$

单位矩阵的特点是与同阶矩阵左乘或右乘都等于该矩阵本身，即设 $\boldsymbol{A}_{m\times m}$ 为 $m\times m$ 的矩

阵，$\boldsymbol{E}_m$ 为单位矩阵，有关系式 $\boldsymbol{A}_{m\times m}\boldsymbol{E}_m=\boldsymbol{E}_m\boldsymbol{A}_{m\times m}=\boldsymbol{A}_{m\times m}$。可见，单位矩阵的表示式与阶数有关。

单位矩阵 $\boldsymbol{E}_n$ 可用单位向量组 $\boldsymbol{e}_1$，$\boldsymbol{e}_2$，…，$\boldsymbol{e}_n$ 表示，即 $\boldsymbol{E}_n=(\boldsymbol{e}_1, \boldsymbol{e}_2, \cdots, \boldsymbol{e}_n)$。

定义 3-6　n 阶方阵 $\boldsymbol{A}$ 的元素所构成的行列式在其各个元素位置不变的情况下，称为方阵的行列式，记为 $\det\boldsymbol{A}$ 或 $|\boldsymbol{A}|$。

单位矩阵因为是方阵，所以可组成其行列式，用 $\det\boldsymbol{E}_n$ 或 $|\boldsymbol{E}_n|$ 表示。显然，$|\boldsymbol{E}_n|=1$。

2. 对角方阵与三角方阵

若一个 $n\times n$ 矩阵的主对角线以外的元素都为零，则称该矩阵为对角矩阵或对角方阵，记为 $\boldsymbol{\Lambda}$，即

$$\boldsymbol{\Lambda}=\begin{pmatrix} p_1 & 0 & \cdots & 0 \\ 0 & p_2 & \cdots & 0 \\ \vdots & \vdots & & \vdots \\ 0 & 0 & \cdots & p_n \end{pmatrix}$$

其中，p_1，p_2，…，p_n 为不全为零的数。

若一个 $n\times n$ 矩阵的主对角线以下的元素都为零，则称该矩阵为上三角方阵，记为 $\boldsymbol{A}$，即

$$\boldsymbol{A}=\begin{pmatrix} a_{11} & a_{12} & \cdots & a_{1n} \\ 0 & a_{22} & \cdots & a_{2n} \\ \vdots & \vdots & & \vdots \\ 0 & 0 & \cdots & a_{nn} \end{pmatrix}$$

其中，$a_{ij}(i=1, 2, \cdots, n;\ j=1, 2, \cdots n;\ i\leqslant j)$ 为不全为零的数。

若一个 $n\times n$ 矩阵的主对角线以上的元素都为零，则称该矩阵为下三角方阵，记为 $\boldsymbol{A}$，即

$$\boldsymbol{A}=\begin{pmatrix} a_{11} & 0 & \cdots & 0 \\ a_{21} & a_{22} & \cdots & 0 \\ \vdots & \vdots & & \vdots \\ a_{n1} & a_{n2} & \cdots & a_{nn} \end{pmatrix}$$

其中，$a_{ij}(i=1, 2, \cdots n;\ j=1, 2, \cdots, n;\ i\geqslant j)$ 为不全为零的数。

例 3-2　某充电电路受下述方程组约束。

$$\begin{cases} I_1-I_2-I_L=0 \\ R_1I_1+R_LI_L=U_{s1} \\ -R_2I_2+R_LI_L=U_{s2} \end{cases}$$

其中，$U_{s1}=4\text{V}$ 是电源电压，$R_1=2.5\Omega$ 是电源内阻；$U_{s2}=3.7\text{V}$ 是锂电池电压，$R_2=2.5\Omega$ 是锂电池内阻；$R_L=50\Omega$ 是负载等效电阻。计算电源电流 I_1、锂电池电流 I_2 和负载电流 I_L。

解　首先应用矩阵乘法规则将方程组写成矩阵形式 $\boldsymbol{Ax}=\boldsymbol{b}$，即

$$\begin{pmatrix} 1 & -1 & -1 \\ R_1 & 0 & R_L \\ 0 & -R_2 & R_L \end{pmatrix}\begin{pmatrix} I_1 \\ I_2 \\ I_L \end{pmatrix}=\begin{pmatrix} 0 \\ U_{s1} \\ U_{s2} \end{pmatrix}$$

代入数据得到

$$\begin{pmatrix} 1 & -1 & -1 \\ 2.5 & 0 & 50 \\ 0 & -2.5 & 50 \end{pmatrix}\begin{pmatrix} I_1 \\ I_2 \\ I_L \end{pmatrix}=\begin{pmatrix} 0 \\ 4 \\ 3.7 \end{pmatrix}$$

其次，写出增广矩阵 $\boldsymbol{B}=(\boldsymbol{A},\ \boldsymbol{b})$

$$\boldsymbol{B}=(\boldsymbol{A},\ \boldsymbol{b})=\begin{pmatrix} 1 & -1 & -1 & 0 \\ 2.5 & 0 & 52.5 & 4 \\ 0 & -2.5 & 50 & 3.7 \end{pmatrix}$$

然后，应用高斯消元法于矩阵 $\boldsymbol{B}=(\boldsymbol{A},\ \boldsymbol{b})$。

(1) $\boldsymbol{r}_2+(-2.5)\boldsymbol{r}_1$。

$$\boldsymbol{B}\to\begin{pmatrix} 1 & -1 & -1 & 0 \\ 0 & 2.5 & 52.5 & 4 \\ 0 & -2.5 & 50 & 3.7 \end{pmatrix}$$

(2) $\boldsymbol{r}_3+\boldsymbol{r}_2$。

$$\boldsymbol{B}\to\begin{pmatrix} 1 & -1 & -1 & 0 \\ 0 & 2.5 & 52.5 & 4 \\ 0 & 0 & 102.5 & 7.7 \end{pmatrix}$$

(3) 等效变换后的方程组及解。

$$\begin{cases} I_1-I_2-I_L=0 \\ 2.5I_2+52.5I_L=4 \\ 102.5I_L=7.7 \end{cases}$$

解得电流 $I_L=75\text{mA}$，$I_2=25\text{mA}$，$I_1=100\text{mA}$。

3. 方阵的逆矩阵

定义 3-7 设 $\boldsymbol{A}$ 是 n 阶方阵，如果存在 n 阶方阵 $\boldsymbol{B}$，使 $\boldsymbol{AB}=\boldsymbol{BA}=\boldsymbol{E}_n$ 成立，则称 $\boldsymbol{A}$ 是可逆方阵，或简称 $\boldsymbol{A}$ 可逆，称 $\boldsymbol{B}$ 是 $\boldsymbol{A}$ 的逆矩阵，记为 $\boldsymbol{B}=\boldsymbol{A}^{-1}$。

方阵是矩阵的一种特殊矩阵，方阵可逆，意味着矩阵可以进行“除法”运算。根据代数学的除法运算规则，若数 $a,\ b,\ c\in\mathbf{R}$，则当 $a\neq 0$ 时，可进行除法运算 $\dfrac{c}{a}$，并称 $b=\dfrac{c}{a}=ca^{-1}$ 为运算结果。特别地，$c=a$ 时，$aa^{-1}=1$。对比逆矩阵的定义，$\boldsymbol{AB}=\boldsymbol{AA}^{-1}=\boldsymbol{E}_n$，相当于矩阵可进行“除法”运算。若矩阵 $\boldsymbol{A}$ 是一个类似于 $a\neq 0$ 的元素组成，则可能求出逆矩阵 $\boldsymbol{B}=\boldsymbol{A}^{-1}$。

定义 3-8 若 n 阶方阵 $\boldsymbol{A}$ 的行列式 $|\boldsymbol{A}|\neq 0$，则称矩阵 $\boldsymbol{A}$ 是非奇异的；否则，称矩阵为奇异的。

定理 3-1 若矩阵 $\boldsymbol{A}=(a_{ij})(i=1,\ 2,\ \cdots,\ n;\ j=1,\ 2,\ \cdots,\ n)$ 的行列式 $|\boldsymbol{A}|\neq 0$，则 $\boldsymbol{A}$ 可逆，且

$$A^{-1}=\frac{1}{|A|}A^* \tag{3-8}$$

其中

$$A^*=\begin{vmatrix} A_{11} & A_{21} & \cdots & A_{n1} \\ A_{12} & A_{22} & \cdots & A_{n2} \\ \vdots & \vdots & & \vdots \\ A_{1n} & A_{2n} & \cdots & A_{nn} \end{vmatrix} \tag{3-9}$$

为矩阵 A 的伴随矩阵， A_{ij} 是元素 a_{ij} 的代数余子式。

该定理明确了矩阵可逆的条件，并给出了一种计算方法。虽然可以通过逆矩阵的计算，进行方程组的求解，但较为烦琐。逆矩阵的概念将在第 4 章中得到实际应用。

3.1.3　矩阵的初等变换

矩阵的初等变换从求解线性方程组的角度来看，等同于高斯消元法的三个基本变换。其差别仅在于，高斯消元法是针对方程组直接进行运算操作，而矩阵的初等变换是针对方程组的系数和常数组成的矩阵进行运算操作，在例 3-2 中已经使用了这种运算操作。

定义 3-9　对矩阵 $A=\begin{pmatrix} a_{11} & a_{12} & \cdots & a_{1n} \\ a_{21} & a_{22} & \cdots & a_{2n} \\ \vdots & \vdots & & \vdots \\ a_{m1} & a_{m2} & \cdots & a_{mn} \end{pmatrix}$ 进行下列变换：

(1) 互换矩阵 A 中的 i ，j 两行，记为 $r_i \leftrightarrow r_j(i,\ j=1,\ 2,\ \cdots,\ m)$ 。

(2) 矩阵 A 中的第 i 行各元素乘以一个非零数 k ，记为 $kr_i(i=1,\ 2,\ \cdots,\ m)$ 。

(3) 将矩阵 A 中的第 i 行各元素乘以一个非零数 k ，后加至矩阵 A 中的第 j 行的各对应元素，记为 $r_j+kr_i(i,\ j=1,\ 2,\ \cdots,\ m)$ 。合称矩阵的初等行变换。

将定义中的行变为列，即得矩阵的初等列变换。矩阵的初等行变换和初等列变换合称为矩阵的初等变换。对于求解方程组来说，矩阵的初等列变换容易引起未知数项与常数项的混淆，所以本书不使用列变换，本书中的初等变换均指初等行变换。

初等变换对矩阵的理论研究有重要意义，但在线性方程组的求解中主要涉及解的存在性判定和解的构造两个方面。所以，需要引入一些概念和定理。为了避免数学的抽象性，我们再对方程(1-3)的求解过程做一些必要的总结。

在例 2-4 中，采用行列式的性质 2-6 对方程(1-3)的系数行列式进行了完整的计算。若将这些系数作为元素组成矩阵 A ，即

$$A=\begin{pmatrix} 1 & -1 & -1 & 0 & 0 & -1 & 0 \\ 0 & 0 & 1 & -1 & 1 & 0 & 0 \\ 0 & 0 & 0 & 0 & -1 & 1 & -1 \\ 1 & -1 & 0 & -1 & 0 & 0 & -1 \\ 0 & 0 & 1 & -1 & 0 & 1 & -1 \\ 1 & -1 & 0 & -1 & 1 & -1 & 0 \\ 1 & -1 & -1 & 0 & -1 & 0 & -1 \end{pmatrix}$$

则对该矩阵运用初等变换与运用性质 2-6 进行的计算相类似。所以例 2-4 中的中间结果都可以用矩阵表示，但应该注意，它们与矩阵 $\boldsymbol{A}$ 不再是相等的关系，而是下面将要讨论的等价关系。

定义 3-10 如果矩阵 $\boldsymbol{A}$ 经有限次初等变换变为矩阵 $\boldsymbol{B}$，则称矩阵 $\boldsymbol{A}$ 与矩阵 $\boldsymbol{B}$ 等价，记为 $\boldsymbol{A} \backsim \boldsymbol{B}$。

例如，下述矩阵 $\boldsymbol{A}$、$\boldsymbol{B}$、$\boldsymbol{C}$ 都是等价矩阵。

$$\boldsymbol{A}=\begin{pmatrix} 1 & -1 & -1 & 0 & 0 & -1 & 0 \\ 0 & 0 & 1 & -1 & 1 & 0 & 0 \\ 0 & 0 & 0 & 0 & -1 & 1 & -1 \\ 1 & -1 & 0 & -1 & 0 & 0 & -1 \\ 0 & 0 & 1 & -1 & 0 & 1 & -1 \\ 1 & -1 & 0 & -1 & 1 & -1 & 0 \\ 1 & -1 & -1 & 0 & -1 & 0 & -1 \end{pmatrix},\quad \boldsymbol{B}=\begin{pmatrix} 1 & -1 & -1 & 0 & 0 & -1 & 0 \\ 0 & 0 & 1 & -1 & 1 & 0 & 0 \\ 0 & 0 & 0 & 0 & -1 & 1 & -1 \\ 0 & 0 & 1 & -1 & 0 & 1 & -1 \\ 0 & 0 & 0 & 0 & 0 & 0 & 0 \\ 0 & 0 & 0 & 0 & 0 & 0 & 0 \\ 0 & 0 & 0 & 0 & 0 & 0 & 0 \end{pmatrix},$$

$$\boldsymbol{C}=\begin{pmatrix} 1 & -1 & 0 & -1 & 0 & 0 & -1 \\ 0 & 0 & 1 & -1 & 0 & 1 & -1 \\ 0 & 0 & 0 & 0 & -1 & 1 & -1 \\ 0 & 0 & 0 & 0 & 0 & 0 & 0 \\ 0 & 0 & 0 & 0 & 0 & 0 & 0 \\ 0 & 0 & 0 & 0 & 0 & 0 & 0 \\ 0 & 0 & 0 & 0 & 0 & 0 & 0 \end{pmatrix}$$

在本章例 3-2 中的矩阵 $\boldsymbol{D}$、$\boldsymbol{E}$、$\boldsymbol{F}$ 也是等价矩阵，即

$$\boldsymbol{D}=\begin{pmatrix} 1 & -1 & -1 & 0 \\ 2.5 & 0 & 50 & 4 \\ 0 & -2.5 & 50 & 3.7 \end{pmatrix},\quad \boldsymbol{E}=\begin{pmatrix} 1 & -1 & -1 & 0 \\ 0 & 2.5 & 52.5 & 4 \\ 0 & -2.5 & 50 & 3.7 \end{pmatrix},\quad \boldsymbol{F}=\begin{pmatrix} 1 & -1 & -1 & 0 \\ 0 & 2.5 & 52.5 & 4 \\ 0 & 0 & 102.5 & 7.7 \end{pmatrix}$$

都是等价矩阵。在实际演算的过程中，也使用符号“$\rightarrow$”表示矩阵的等价。

定理 3-2 初等行变换可以把一个线性方程组变为与它同解的线性方程组。

前面我们已经知道，线性方程组用消元法求解和用矩阵的初等变换法求解，其结果是一致的。所以初等变换是对矩阵进行运算操作，实际是对矩阵对应的线性方程组的系数和常数进行的运算操作。定理 3-2 则明确指出，每次运用初等变换对方程组进行运算后所得到的方程组与原方程组是同解的，即初等变换不改变方程组的解。此外，初等变换是对矩阵进行的运算操作，所以每次运用初等变换对矩阵进行运算后得到的矩阵与原矩阵是等价的，即等价矩阵对应的方程组的解与原矩阵对应的方程组的解是相同的。

但是，我们应该将对应方程组的矩阵用初等变换变为何种形式的矩阵才能求出其解呢？

定义 3-11 (1) 非零矩阵若满足：

①非零行在零行的上面；②非零行的首非零元所在列在上一行(如果存在的话)的首非零元所在列的右面，则称该矩阵为阶梯形矩阵。

(2) 若是阶梯形矩阵，并且还满足：

①非零行的首元为1；②首非零元所在的列的其他元均为零，则称为最简形矩阵。

实际上，若能将对应方程组的矩阵用初等变换变为阶梯形矩阵，则可判定解是否存在。若解存在，则可利用阶梯形矩阵对应的方程组依次求出各个未知量；若能将对应方程组的矩阵用初等变换变为最简形矩阵，则不仅可判定解是否存在，而且在解存在的情况下，还可利用最简形矩阵对应的方程组直接得出未知量的表示式。

从例 2-4 中，我们再次由所得行列式的元素组成相应的下述矩阵：

$$\boldsymbol{B}_1=\begin{pmatrix}1&-1&-1&0&0&-1&0\\0&0&1&-1&1&0&0\\0&0&0&0&-1&1&-1\\0&0&0&-1&0&1&-1\\0&0&0&0&0&0&0\\0&0&0&0&0&0&0\\0&0&0&0&0&0&0\end{pmatrix},\quad \boldsymbol{B}_2=\begin{pmatrix}1&-1&0&-1&0&0&-1\\0&0&1&-1&0&1&-1\\0&0&0&0&-1&1&-1\\0&0&0&0&0&0&0\\0&0&0&0&0&0&0\\0&0&0&0&0&0&0\\0&0&0&0&0&0&0\end{pmatrix},$$

$$\boldsymbol{B}_3=\begin{pmatrix}1&-1&0&-1&0&0&-1\\0&0&1&-1&0&1&-1\\0&0&0&0&1&-1&1\\0&0&0&0&0&0&0\\0&0&0&0&0&0&0\\0&0&0&0&0&0&0\\0&0&0&0&0&0&0\end{pmatrix}$$

按照定义 3-11，矩阵 $\boldsymbol{B}_1$ 既不是阶梯形矩阵，也不是最简形矩阵；矩阵 $\boldsymbol{B}_2$ 是阶梯形矩阵，但不是最简形矩阵；矩阵 $\boldsymbol{B}_3$ 既是阶梯形矩阵，也是最简形矩阵，因为第一、三、五列只有一个元素为1，且位于不同的行。

矩阵 $\boldsymbol{B}_1$，$\boldsymbol{B}_2$，$\boldsymbol{B}_3$ 对应的方程组可依次表示为

$$\begin{cases}u_1-u_2-u_3-u_6=0\\u_3-u_4+u_5=0\\-u_5+u_6-u_7=0\\u_3-u_4+u_6-u_7=0\end{cases},\quad \begin{cases}u_1-u_2-u_3-u_6=0\\u_3-u_4+u_5=0\\-u_5+u_6-u_7=0\end{cases},\quad \begin{cases}u_1-u_2-u_3-u_6=0\\u_3-u_4+u_5=0\\u_5-u_6+u_7=0\end{cases}$$

显然，要从第一个方程组求出未知量，还需要进一步进行初等变换；要从第二个方程组求出未知量，可以根据克拉默法则假设四个未知量为自由未知量然后表示出其余三个未知量；在第三个方程组中，未知量 u_1、u_3、u_5 的系数为1，所以直接可将方程组的解表示为

$$\begin{cases}u_1=u_2+u_3+u_6=c_2+c_4-c_7\\u_2=c_2\\u_3=u_4-u_5=c_4-c_6-c_7\\u_4=c_4\\u_5=u_6-u_7=c_6-c_7\\u_6=c_6\\u_7=c_7\end{cases}$$

其中，$u_2=c_2$，$u_4=c_4$，$u_6=c_6$，$u_7=c_7$ 称为自由未知量，c_2，c_4，c_6，c_7 可任意取值。

所以，要求一个方程组的解，首先将该方程组的系数和常数组合成一个矩阵(即增广矩阵)然后对其施与初等变换直至变成阶梯形矩阵或最简形矩阵。根据阶梯形矩阵或最简形矩阵，首先判断解是否存在，然后在解存在的条件下，将解表示出来即可。

例 3-3 求解方程组 $\begin{cases}2x+3y+z=a\\ x-2y+4z=-5\\ 3x+8y-2z=13\\ 4x-y+9z=-6\end{cases}$。

解 首先写出增广矩阵：

$$B=(A,\ b)=\left(\begin{array}{ccc|c}2&3&1&a\\1&-2&4&-5\\3&8&-2&13\\4&-1&9&-6\end{array}\right)$$

然后进行初等变换。

(1) $r_1\leftrightarrow r_2$。

$$B\to\begin{pmatrix}1&-2&4&-5\\2&3&1&a\\3&8&-2&13\\4&-1&9&-6\end{pmatrix}$$

(2) $r_2+(-2)r_1$；$r_3+(-3)r_1$；$r_4+(-4)r_1$。

$$B\to\begin{pmatrix}1&-2&4&-5\\0&7&-7&10+a\\0&14&-14&28\\0&7&-7&14\end{pmatrix}$$

(3) $r_4+(-1/2)r_3$；$r_3+(-2)r_2$。

$$B\to\begin{pmatrix}1&-2&4&-5\\0&7&-7&10+a\\0&0&0&8-2a\\0&0&0&0\end{pmatrix}$$

可见，增广矩阵经过初等变换后已经变换为阶梯形矩阵。对应方程组为

$$\begin{cases}x-2y+4z=-5\\ 0x+7y-7z=10+a\\ 0x+0y+0z=8-2a\end{cases}$$

显然，若要方程组有解，必须有 $a=4$。此时，方程组变为 $\begin{cases}x-2y+4z=-5\\ \quad\ 7y-7z=14\end{cases}$，或

$\begin{cases}x-2y+4z=-5\\ \quad\ y\ -z=\ 2\end{cases}$。

由初等变换$\boldsymbol{r}_1+2\boldsymbol{r}_2$，得到$\begin{cases}x \quad +2z=-1\\ \quad y\ -z=2\end{cases}$。这时，相当于将增广矩阵变为最简形矩阵，取自由未知量$z=c$，得方程组的解$\begin{cases}x=-2c-1\\ y=c+2\\ z=c\end{cases}$，用向量形式表示为$\begin{pmatrix}x\\y\\z\end{pmatrix}=\begin{pmatrix}-2\\1\\1\end{pmatrix}c+\begin{pmatrix}-1\\2\\0\end{pmatrix}$。

3.2 矩阵的秩

矩阵的秩是矩阵的数值特征，是反映矩阵本质特性的一个不变量。由于矩阵和向量组都可以用来表示线性方程组，所以秩也是反映向量组本质特性的一个不变量。

3.2.1 矩阵的秩

定义 3-12 设$\boldsymbol{A}$是一个$m\times n$矩阵，在$\boldsymbol{A}$中任取k行k列$[1\leqslant k\leqslant \min(m, n)]$位于这些行、列交叉处的元素，不改变它们在$\boldsymbol{A}$中的位置，构成的$k$阶子行列式，称为矩阵$\boldsymbol{A}$的一个$k$阶子行列式，简称$k$阶子式。

简单的计算表明，若设$m<n$，则m阶子式有C_n^m个，一阶子式有$C_{m\times n}^1$个，其余阶子式的数量介于上述二者之间。对于$m\geqslant n$的情况也可进行类似分析。

定义 3-13 一个矩阵中不等于零的子式的最大阶数叫作这个矩阵的秩。若一个矩阵没有不等于零的子式，就认为这个矩阵的秩为零。

显然，对于$m\times n$矩阵$\boldsymbol{A}$，其秩若记为$R(\boldsymbol{A})$，则有$1\leqslant R(A)\leqslant \min(m, n)$。这表明矩阵的秩既不能大于其行数，也不能大于其列数。

特别地，只有当一个矩阵的所有元素都等于零时，该矩阵的秩才等于零。

定理 3-3 初等变换不改变矩阵的秩。

推论 若矩阵$\boldsymbol{A}$与矩阵$\boldsymbol{B}$等价，则$R(\boldsymbol{A})=R(\boldsymbol{B})$。

例 3-4 求矩阵$\boldsymbol{A}=\begin{pmatrix}2&4&6\\3&2&1\\4&2&3\end{pmatrix}$的秩。

解 对矩阵$\boldsymbol{A}$进行初等变换。

(1) $\left(\dfrac{1}{2}\right)r_1$。

$$\boldsymbol{A}\to\begin{pmatrix}1&2&3\\3&2&1\\4&2&3\end{pmatrix}$$

(2) $r_2+(-3)r_1$；$r_3+(-4)r_1$。

$$A \to \begin{pmatrix} 1 & 2 & 3 \\ 0 & -4 & -8 \\ 0 & -6 & -9 \end{pmatrix}$$

(3) $\left(-\dfrac{1}{4}\right)r_1$; $\left(-\dfrac{1}{3}\right)r_3$。

$$A \to \begin{pmatrix} 1 & 2 & 3 \\ 0 & 1 & 2 \\ 0 & 2 & 3 \end{pmatrix}$$

(4) $r_3 + (-2)r_2$。

$$A \to \begin{pmatrix} 1 & 2 & 3 \\ 0 & 1 & 3 \\ 0 & 0 & -1 \end{pmatrix}$$

(5) $r_2 + 2r_3$; $r_1 + 3r_3$。

$$A \to \begin{pmatrix} 1 & 2 & 0 \\ 0 & 1 & 0 \\ 0 & 0 & -1 \end{pmatrix}$$

(6) $(-1)r_3$; $r_1 + (-2)r_2$。

$$A \to \begin{pmatrix} 1 & 0 & 0 \\ 0 & 1 & 0 \\ 0 & 0 & 1 \end{pmatrix} = B$$

可见，初等变换后矩阵 $\boldsymbol{B}$ 的秩 $R(\boldsymbol{B})=3$，而矩阵 $\boldsymbol{A}$ 与矩阵 $\boldsymbol{B}$ 等价，所以 $R(\boldsymbol{A})=3$。

3.2.2 线性方程组解的存在性

定理 3-4 线性方程组(2-12)或与其矩阵形式(3-1)等同的方程组：

$$\begin{cases} a_{11}x_1 + a_{12}x_2 + \cdots + a_{1n}x_n = b_1 \\ a_{21}x_1 + a_{22}x_2 + \cdots + a_{2n}x_n = b_2 \\ \qquad\cdots\cdots\cdots\cdots \\ a_{m1}x_1 + a_{m2}x_2 + \cdots + a_{mn}x_n = b_m \end{cases}$$

有解的充分必要条件是：它的系数矩阵的秩 $R(\boldsymbol{A})$ 等于增广矩阵的秩 $R(\boldsymbol{B})=R(\boldsymbol{A},\boldsymbol{b})$，即 $R(\boldsymbol{A})=R(\boldsymbol{B})$。若 $R(\boldsymbol{A})=R(\boldsymbol{B})=n$，则线性方程组有唯一解；若 $R(\boldsymbol{A})=R(\boldsymbol{B})<n$，则线性方程组有无穷多解。

该定理也称线性方程组可解的判别法，实际上也包含了无解的判定，即如果系数矩阵的秩不等于增广矩阵的秩，则线性方程组无解。

定理 3-5 齐次线性方程组(2-13)：

$$\begin{cases} a_{11}x_1 + a_{12}x_2 + \cdots + a_{1n}x_n = 0 \\ a_{21}x_1 + a_{22}x_2 + \cdots + a_{2n}x_n = 0 \\ \cdots\cdots\cdots\cdots \\ a_{m1}x_1 + a_{m2}x_2 + \cdots + a_{mn}x_n = 0 \end{cases}$$

有非零解的充分必要条件是：它的系数矩阵的秩 $R(\boldsymbol{A}) < n$。

推论　当 $m < n$ 时，齐次线性方程组(2-13)有非零解。

例 3-5　判断线性方程组 $\begin{cases} x_1 + x_2 + x_3 + x_4 = 0 \\ x_2 + 2x_3 + 2x_4 = 1 \\ -x_2 + (a-3)x_3 - 2x_4 = b \\ 3x_1 + 2x_2 + x_3 + ax_4 = -1 \end{cases}$ 解的存在性。在有解的情况下求出解。

解　首先写出增广矩阵。

$$\boldsymbol{B} = (\boldsymbol{A},\ \boldsymbol{b}) = \begin{pmatrix} 1 & 1 & 1 & 1 & 0 \\ 0 & 1 & 2 & 2 & 1 \\ 0 & -1 & a-3 & -2 & b \\ 3 & 2 & 1 & a & -1 \end{pmatrix}$$

其次，对增广矩阵 $\boldsymbol{B} = (\boldsymbol{A},\ \boldsymbol{b})$ 进行初等变换。

(1) $r_3 + (-3)r_1$。

$$\boldsymbol{B} \to \begin{pmatrix} 1 & 1 & 1 & 1 & 0 \\ 0 & 1 & 2 & 2 & 1 \\ 0 & -1 & a-3 & -2 & b \\ 0 & -1 & -2 & a-3 & -1 \end{pmatrix}$$

(2) $r_2 + r_1$；$r_3 + r_1$。

$$\boldsymbol{B} \to \begin{pmatrix} 1 & 1 & 1 & 1 & 0 \\ 0 & 1 & 2 & 2 & 1 \\ 0 & 0 & a-1 & 0 & b+1 \\ 0 & 0 & 0 & a-1 & 0 \end{pmatrix}$$

然后，对解的存在性进行讨论和求解。

(1) 若 $a \neq 1$，则 $R(\boldsymbol{A}) = R(\boldsymbol{B}) = n = 4$，方程组有唯一解。该唯一解可根据阶梯形矩阵，即增广矩阵的等价矩阵写出同解方程组：

$$\begin{cases} x_1 + x_2 + x_3 + x_4 = 0 \\ x_2 + 2x_3 + 2x_4 = 1 \\ (a-1)x_3 = b+1 \\ (a-1)x_4 = 0 \end{cases}$$

求出其解为

$$\begin{cases} x_1 = \dfrac{b-a+2}{a-1} \\ x_2 = \dfrac{a-2b-3}{a-1} \\ x_3 = \dfrac{b+1}{a-1} \\ x_4 = 0 \end{cases}$$

(2) 若 $a=1$，$b\neq -1$，则 $R(\boldsymbol{A})=2$，$R(\boldsymbol{B})=3$，方程组无解。

(3) 若 $a=1$，$b=-1$，则 $R(\boldsymbol{A})=2$，$R(\boldsymbol{B})=2$，方程组有无穷多解。这时，根据阶梯形矩阵，即增广矩阵的等价矩阵写出同解方程组 $\begin{cases} x_1+x_2+x_3+x_4=0 \\ x_2+2x_3+2x_4=1 \end{cases}$。

因为 x_1，x_2 的系数行列式 $D=\begin{vmatrix} 1 & 1 \\ 0 & 1 \end{vmatrix}=1\neq 0$，所以可选取 $x_3=c_3$，$x_4=c_4$ 为自由未知量，从而将完全解表示为一种“唯一”形式：

$$\begin{cases} x_1 = \dfrac{\begin{vmatrix} -(c_3+c_4) & 1 \\ 1-2(c_3+c_4) & 1 \end{vmatrix}}{\begin{vmatrix} 1 & 1 \\ 0 & 1 \end{vmatrix}} = c_3+c_4-1 \\ x_2 = \dfrac{\begin{vmatrix} 1 & -(c_3+c_4) \\ 0 & 1-2(c_3+c_4) \end{vmatrix}}{\begin{vmatrix} 1 & 1 \\ 0 & 1 \end{vmatrix}} = -2(c_3+c_4)+1 \\ x_3 = c_3 \\ x_4 = c_4 \end{cases}$$

另外，还可以将同解方程组变换为最简形矩阵对应的方程组，只需要进行初等变换 $r_1+(-1)r_2$，即得 $\begin{cases} x_1 \qquad -x_3-x_4=-1 \\ x_2+2x_3+2x_4=1 \end{cases}$。从而可直接将未知量 x_1，x_2 用自由未知量 $x_3=c_3$，$x_4=c_4$ “唯一”表示出，即 $\begin{cases} x_1=c_3+c_4-1 \\ x_2=-2(c_3+c_4)+1 \\ x_3=c_3 \\ x_4=c_4 \end{cases}$。写为向量形式 $\begin{pmatrix} x_1 \\ x_2 \\ x_3 \\ x_4 \end{pmatrix}=c_3\begin{pmatrix} 1 \\ -2 \\ 1 \\ 0 \end{pmatrix}+c_4\begin{pmatrix} 1 \\ -2 \\ 0 \\ 1 \end{pmatrix}+\begin{pmatrix} -1 \\ 1 \\ 0 \\ 0 \end{pmatrix}$。

3.3 向量组的秩

矩阵可由向量组组成，通过它们的联系能够得知向量组的秩与矩阵的秩之间的关系，从而解决方程组无穷多解的结构问题。

定理 3-6 $m\times n$ 阶矩阵 $\boldsymbol{A}$ 与其转置矩阵 $\boldsymbol{A}^{\mathrm{T}}$ 的秩相等。

因为矩阵经过初等变换秩不变，所以对矩阵 $\boldsymbol{A}$ 进行有限次初等变换可将其变为最简形矩阵。设该最简形矩阵的秩为r，则它的最高阶不为零的子式为r阶。根据行列式的性质 1，行列式与其转置行列式的值相等，所以该最简形矩阵转置后的最高阶不为零的子式亦为r阶，即$R(\boldsymbol{A})=R(\boldsymbol{A}^{\mathrm{T}})=r$。

设向量$\boldsymbol{a}$为$m\times 1$矩阵，则其转置向量$\boldsymbol{a}^{\mathrm{T}}$为$1\times m$矩阵。显然有$R(m\times 1)=R(1\times m)$，或$R(\boldsymbol{a})=R(\boldsymbol{a}^{\mathrm{T}})$。若$\boldsymbol{a}$为零向量，则秩等于零；若$\boldsymbol{a}$为非零向量，则秩等于1。容易推测，$n$个$m$维向量组成$m\times n$阶矩阵，其转置矩阵为$n\times m$阶，相当于$m$个$n$维向量组成。所以，向量组$\boldsymbol{a}_1$，$\boldsymbol{a}_2$，…，$\boldsymbol{a}_n$的秩$R_{\boldsymbol{a}}$与其转置向量组$\boldsymbol{a}_1^{\mathrm{T}}$，$\boldsymbol{a}_2^{\mathrm{T}}$，…，$\boldsymbol{a}_n^{\mathrm{T}}$的秩$R_{\boldsymbol{a}^{\mathrm{T}}}$相等，且都等于矩阵的秩，即$R_{\boldsymbol{a}}=R_{\boldsymbol{a}^{\mathrm{T}}}=r$。

总之，对于一个矩阵，不论是看作由行元素组成，还是看作由列元素组成，其秩都是相同的。若将矩阵看作是由一组向量组成，则该组向量的元素不论是横排组成矩阵，还是转置后纵排组成矩阵，其秩也都相同。因此，矩阵或向量组都可以用秩这个不变量对其特性进行描述，但要注意的是向量组的秩对于解的构成具有决定作用。

3.3.1　向量组的线性相关性

定义 3-14　给定向量组$\boldsymbol{A}$：$\boldsymbol{a}_1$，$\boldsymbol{a}_2$，…，$\boldsymbol{a}_m$，对于任何一组实数k_1，k_2，…，k_m，表达式

$$k_1\boldsymbol{a}_1+k_2\boldsymbol{a}_2+\cdots+k_m\boldsymbol{a}_m$$

称为向量组的一个线性组合，k_1，k_2，…，k_m称为这个线性组合的系数。

该定义对于复数也是适用的。

定义 3-15　对于给定的向量组$\boldsymbol{A}$：$\boldsymbol{a}_1$，$\boldsymbol{a}_2$，…，$\boldsymbol{a}_m$，若存在一组数x_1，x_2，…，x_n，对于给定的向量$\boldsymbol{b}$，使关系式：

$$\boldsymbol{b}=\boldsymbol{a}_1x_1+\boldsymbol{a}_2x_2+\cdots\boldsymbol{a}_nx_n \tag{3-10}$$

成立，则称向量$\boldsymbol{b}$是向量组$\boldsymbol{A}$：$\boldsymbol{a}_1$，$\boldsymbol{a}_2$，…，$\boldsymbol{a}_n$的线性组合，也称向量$\boldsymbol{b}$能够由向量组$\boldsymbol{A}$线性表示出。

第 1 章中将线性方程组表示为向量形式(1-6)与定义 3-15 的线性组合式(3-10)有本质的区别，前者只是方程组的向量表示；后者的向量组$\boldsymbol{A}$：$\boldsymbol{a}_1$，$\boldsymbol{a}_2$，…，$\boldsymbol{a}_n$和向量$\boldsymbol{b}$是给定的。所以线性组合式(3-10)表示的方程组一定有解，下述定理作出了保证。

定理 3-7　向量$\boldsymbol{b}$能够由向量组$\boldsymbol{A}$线性表示出的充分必要条件是矩阵$\boldsymbol{A}=(\boldsymbol{a}_1,\ \boldsymbol{a}_2,\ \cdots,\ \boldsymbol{a}_n)$的秩$R(\boldsymbol{A})=R(\boldsymbol{a}_1,\ \boldsymbol{a}_2,\ \cdots,\ \boldsymbol{a}_n)$等于矩阵$\boldsymbol{B}=(\boldsymbol{a}_1,\ \boldsymbol{a}_2,\ \cdots,\ \boldsymbol{a}_n,\ \boldsymbol{b})$的秩$R(\boldsymbol{B})=R(\boldsymbol{a}_1,\ \boldsymbol{a}_2,\ \cdots,\ \boldsymbol{a}_n,\ \boldsymbol{b})$。

该定理明确地指出，若能线性表出，则方程组系数矩阵的秩等于其增广矩阵的秩；反之，若方程组系数矩阵的秩等于其增广矩阵的秩，则能线性表出，即式(3-10)一定有解。既然式(3-10)有解，特别是在有无穷多解的情况下，如果将解视为向量时，那么用何种向量或向量组能够将其完全解表示出来，这种向量或向量组如何获取等问题正是本节所要讨论的。为此，需要对向量组的线性相关性进行深入讨论。

定义 3-16　给定向量组$\boldsymbol{A}$：$\boldsymbol{a}_1$，$\boldsymbol{a}_2$，…，$\boldsymbol{a}_n$，如果存在不全为零的数k_1，k_2，…，k_n，使

$$k_1\boldsymbol{a}_1+k_2\boldsymbol{a}_2+\cdots+k_n\boldsymbol{a}_n=\boldsymbol{0}$$

则称向量组 $\boldsymbol{A}$ 是线性相关的；否则，称它是线性无关的。

给定向量组 $\boldsymbol{a}_1$，$\boldsymbol{a}_2$，…，$\boldsymbol{a}_n$，可以由齐次方程组 $k_1\boldsymbol{a}_1+k_2\boldsymbol{a}_2+\cdots+k_n\boldsymbol{a}_n=0$ 的解 k_1，k_2，…，k_n 来判定 $\boldsymbol{a}_1$，$\boldsymbol{a}_2$，…，$\boldsymbol{a}_n$ 的线性相关性。若 k_1，k_2，…，k_n 为唯一零解，则线性无关，若存在非零解，则线性相关。

设向量组由 $n\geqslant1$ 个向量组成，每个向量由 $m\geqslant1$ 个分量构成，我们可以利用上述的定义 3-14、定义 3-15 和定理 3-7 以及秩的概念来讨论齐次线性方程组与向量组线性相关性之间的联系。

(1) 向量组只含一个向量时，若该向量为零向量，则线性相关。显然，含有零向量的向量组线性相关。另外，该零向量若视为矩阵，其秩为零。

若该向量为非零向量，则线性无关。因该向量为 $1\times m$ 矩阵，所以其秩 $r=1$。

(2) 向量组由两个非零向量组成时，$n=2$。若分量 $m=1$，这两个向量组成的矩阵为 $m\times n=1\times2$ 矩阵，其秩 $r=1$，所以线性相关。显然，二者具有齐次性关系。若由这两个向量构成二元齐次方程未知量的系数，则该方程有无穷多解。

若分量 $m>1$，则两个向量组成的矩阵为 $m\times n=m\times2$ 矩阵，其秩 $r=1$ 或 $r=2$。$r=1$ 时，线性相关，二者存在齐次性关系。若由这两个向量构成二元齐次方程未知量的系数，则该方程的未知数多于方程数，有无穷多解。$r=2$ 时线性无关，若由这两个向量构成二元齐次方程组未知量的系数，则该方程组的方程数 $m\geqslant2$ 个，可能存在多于未知量的方程，但因方程组只有唯一零解，所以这些多于未知量方程的系数所组成的向量能够由秩 $r=2$ 的子行列式中的两个线性无关向量表示，即当方程数多于未知数时，方程组是线性相关的。在电路分析中，这些多于未知数的线性相关方程对于求解电路变量并无实际作用，所以归为多余的方程。但在列电路方程时，我们并不需要考虑哪些方程是多余的，因为矩阵的初等变换能将这些方程找出。

(3) 向量组由三个非零向量组成时，$n=3$。若分量 $m\leqslant2$，这三个向量组成矩阵的秩 $r\leqslant2$，所以线性相关。三者之间存在有齐次性、叠加性关系。若由这三个向量构成三元齐次方程未知量的系数，则未知数多于方程数，该方程组有无穷多解。

若分量 $m\geqslant3$，这三个向量组成矩阵的秩 $r\leqslant3$。当秩 $r\leqslant2$ 时，由这三个向量构成三元齐次方程未知量的系数，则线性无关方程数少于未知数，该方程组有无穷多解。当秩 $r=3$ 时，由这三个向量构成三元齐次方程未知量的系数，虽然可能有多于未知数的方程，但该方程组有唯一解。

综上，若向量组由 n 个向量组成，每个向量含有 m 个分量，则可将这 n 个向量或 $m\times n$ 个分量组成矩阵，并可以用这个矩阵作为 n 个未知量的系数矩阵构成一个齐次线性方程组。因为矩阵的秩 $r\leqslant\min(m,n)$，所以当 $m<n$ 时，向量数多于分量数，或未知数多于方程数，矩阵纵向分量组成的向量之间存在线性相关，即向量之间存在齐次性、叠加性，方程组有无穷多解。

当 $m>n$ 时，向量数少于分量数，或未知数少于方程数，存在多余的方程，这些多余的方程可以通过矩阵的初等变换找出。同时，矩阵横向分量组成的向量之间存在线性相关，也可认为是方程之间存在线性相关。这时，若 $r=n$，方程组有唯一零解；若 $r<n$，方程组有无穷多解。

组。因为矩阵的秩 $r \leqslant \min(m,n)$，所以当 $m<n$ 时，向量数多于分量数，或未知数多于方程数，矩阵纵向分量组成的向量之间存在线性相关，即向量之间存在齐次性、叠加性，方程组有无穷多解。

当 $m>n$ 时，向量数少于分量数，或未知数少于方程数，存在多余的方程，这些多余的方程可以通过矩阵的初等变换找出。同时，矩阵横向分量组成的向量之间存在线性相关，也可认为是方程之间存在线性相关。这时，若 $r=n$，方程组有唯一零解；若 $r<n$，方程组有无穷多解。

当 $m=n$ 时，向量数等于分量数，或未知数等于方程数。若 $r=n$，则不仅矩阵纵向分量组成的向量之间线性无关，而且方程之间也线性无关，方程组有唯一零解；若 $r<n$，方程组有无穷多解。

例如，例 2-4 给出的电压方程，其对应的系数矩阵是一个 $m=n$ 的 7×7 阶矩阵，其未知数等于方程数。经过初等变换得到本章 § 1 给出的等价矩阵 $\boldsymbol{B}_3$，即

$$\boldsymbol{B}_3=\begin{pmatrix} 1 & -1 & 0 & -1 & 0 & 0 & -1 \\ 0 & 0 & 1 & -1 & 0 & 1 & -1 \\ 0 & 0 & 0 & 0 & 1 & -1 & 0 \\ 0 & 0 & 0 & 0 & 0 & 0 & 1 \\ 0 & 0 & 0 & 0 & 0 & 0 & 0 \\ 0 & 0 & 0 & 0 & 0 & 0 & 0 \\ 0 & 0 & 0 & 0 & 0 & 0 & 0 \end{pmatrix} \tag{3-11}$$

显然，其秩 $r=3<n$。所以式(1-3)对应的齐次方程组有多余的方程，经过初等变换发现七个方程中有四个方程是多余的，因为有四行的分量全部被变换为零。

另一方面，经初等变换后得到的矩阵(3-11)对应的齐次线性方程组为三个，而未知数有七个，即 $n=7$，$m=3$ 的情形，所以方程数少于未知数，方程组有无穷多解。这时，由列元素组成向量组 $\boldsymbol{a}_1$，$\boldsymbol{a}_2$，$\boldsymbol{a}_3$，$\boldsymbol{a}_4$，$\boldsymbol{a}_5$，$\boldsymbol{a}_6$，$\boldsymbol{a}_7$（参见例 2-4）之间也存在齐次性、叠加性的线性相关，即

$$\boldsymbol{a}_1=\boldsymbol{a}_1,\ \boldsymbol{a}_2=-\boldsymbol{a}_1,\ \boldsymbol{a}_3=\boldsymbol{a}_3,\ \boldsymbol{a}_4=-\boldsymbol{a}_1-\boldsymbol{a}_3,\ \boldsymbol{a}_5=\boldsymbol{a}_5,\ \boldsymbol{a}_6=\boldsymbol{a}_3-\boldsymbol{a}_5,\ \boldsymbol{a}_7=-\boldsymbol{a}_1-\boldsymbol{a}_3+\boldsymbol{a}_5$$

可见，齐次方程组是唯一解，还是无穷多解，是组成齐次方程的系数构成的向量之间的线性相关性问题，或者是与向量组构成矩阵的秩 r 与 m，n 的关系问题。而这些问题可以通过矩阵的初等变换得到解决，即变换成最简形矩阵即可。

若由列元素组成向量组，则不难从例 2-4 得出

$$\boldsymbol{a}_2=-\boldsymbol{a}_1,\ \boldsymbol{a}_4=-\boldsymbol{a}_1-\boldsymbol{a}_3,\ \boldsymbol{a}_6=\boldsymbol{a}_3-\boldsymbol{a}_5,\ \boldsymbol{a}_7=-\boldsymbol{a}_1-\boldsymbol{a}_3+\boldsymbol{a}_5$$

因为它们存在齐次性/叠加性关系，所以也是线性相关的。但从向量 $\boldsymbol{a}_1$，$\boldsymbol{a}_3$，$\boldsymbol{a}_5$ 来看，它们既不存在齐次性，也不存在叠加性，所以是线性无关的。这样，式(3-11)对应的方程组可以选取 u_2，u_4，u_6，u_7 为自由未知量而将其余的未知量 u_1，u_3，u_5 表示出来，因为它们的系数行列式不等于零。

定理 3-8 设向量组 $\boldsymbol{A}$：$\boldsymbol{a}_1=\begin{pmatrix}a_{11}\\a_{21}\\\vdots\\a_{p1}\end{pmatrix}$，$\boldsymbol{a}_2=\begin{pmatrix}a_{12}\\a_{22}\\\vdots\\a_{p2}\end{pmatrix}$，…，$\boldsymbol{a}_m=\begin{pmatrix}a_{1n}\\a_{2n}\\\vdots\\a_{pn}\end{pmatrix}$，对 $\boldsymbol{A}$ 中每个向量添加 s 个分量后得到向量组 $\boldsymbol{B}$：$\boldsymbol{b}_1=\begin{pmatrix}a_{11}\\a_{21}\\\vdots\\a_{p1}\\a_{p+1,1}\\a_{p+2,1}\\\vdots\\a_{p+s,1}\end{pmatrix},\boldsymbol{b}_2=\begin{pmatrix}a_{12}\\a_{22}\\\vdots\\a_{p2}\\a_{p+1,2}\\a_{p+2,2}\\\vdots\\a_{p+s,2}\end{pmatrix},\cdots,\boldsymbol{b}_m=\begin{pmatrix}a_{1n}\\a_{2n}\\\vdots\\a_{pn}\\a_{p+1,n}\\a_{p+2,n}\\\vdots\\a_{p+s,n}\end{pmatrix}$。若向量组 $\boldsymbol{A}$ 线性无关，则向量组 $\boldsymbol{B}$ 也线性无关；若向量组 $\boldsymbol{B}$ 线性相关，则向量组 $\boldsymbol{A}$ 也线性相关。

线性无关向量组 $\boldsymbol{A}$ 组成的矩阵经初等变换必定会变为等价的单位矩阵，该单位矩阵的秩并不因为添加了分量而发生改变，所以对线性无关向量组中的每个向量添加同维的分量不会改变其秩，也就不会改变其线性无关特性。而向量组 $\boldsymbol{B}$ 线性相关，则其中向量的齐次性/叠加性并不因为同时减少每个向量的同维分量而发生改变，所以向量组 $\boldsymbol{B}$ 中的每个向量减少同维分量后得到的向量组 $\boldsymbol{A}$ 也是线性相关的。

另外，添加或者减少的 s 个分量，可以在原向量组的后面，也可以在前面，还可以在中间等位置。换句话说，原矩阵或向量组经初等变换后的等价矩阵中，线性相关向量与线性无关向量一般交叉分布在其中。例如式(3-11)的矩阵 $\boldsymbol{B}_3$，第一列、第三列和第五列是由原来的向量 $\boldsymbol{a}_1$、$\boldsymbol{a}_3$、$\boldsymbol{a}_5$ 经初等变换而来，这三列是七个分量组成向量组中的三个单位向量，所以是线性无关的。将这三个单位向量提取出来组成新的矩阵，并在下面第四个及以下添加非零数代替零，则应用初等变换便可以很容易将这些非零分量逐一变为零。因此添加后所得矩阵的等价矩阵与添加前矩阵的秩是相同的，即添加分量后的矩阵或向量组也是线性无关的。

同样的思路也适于线性相关的情况。因为 $\boldsymbol{a}_1+\boldsymbol{a}_3-\boldsymbol{a}_5+\boldsymbol{a}_7=\boldsymbol{0}$，所以原向量组 $\boldsymbol{a}_1$、$\boldsymbol{a}_3$、$\boldsymbol{a}_5$、$\boldsymbol{a}_7$ 是线性相关的，经过初等变换将该四个七维向量的第三个分量下面的同维分量全部变化为零后，所得到的等价矩阵或向量组仍然是线性相关的。最后，从式(3-11) $\boldsymbol{B}_3$ 的矩阵中还可以看到，线性相关向量与线性无关向量多为交叉分布在其中。

定理 3-9 ①若向量组 $\boldsymbol{A}$：$\boldsymbol{a}_1$，$\boldsymbol{a}_2$，…，$\boldsymbol{a}_m$ 线性相关，则向量组 $\boldsymbol{B}$：$\boldsymbol{a}_1$，$\boldsymbol{a}_2$，…，$\boldsymbol{a}_m$，$\boldsymbol{b}$ 也线性相关；反之，若向量组 $\boldsymbol{B}$ 线性无关，则向量组 $\boldsymbol{A}$ 也线性无关；

② m 个 n 维向量组成的向量组 $\boldsymbol{A}$：$\boldsymbol{a}_1$，$\boldsymbol{a}_2$，…，$\boldsymbol{a}_m$，当 $m>n$ 时，向量组一定线性相关；

③设向量组 $\boldsymbol{A}$：$\boldsymbol{a}_1$，$\boldsymbol{a}_2$，…，$\boldsymbol{a}_m$ 线性无关，向量组 $\boldsymbol{B}$：$\boldsymbol{a}_1$，$\boldsymbol{a}_2$，…，$\boldsymbol{a}_m$，$\boldsymbol{x}$ 线性相关，则向量 $\boldsymbol{x}$ 必定能由向量组 $\boldsymbol{A}$ 线性表示且该表示式是唯一的，即

$$\boldsymbol{x}=c_1\boldsymbol{a}_1+c_2\boldsymbol{a}_2+\cdots+c_m\boldsymbol{a}_m$$

其中，c_1，c_2，…，c_m 是确定的常数。

定理 3-9 的第①点容易理解，即整个向量组中的部分向量组线性相关，则整个向量组线性相关；而整个向量组线性无关，则部分向量组也线性无关。

关于第②点，设 m 个 n 维向量构成的 $m\times n$ 矩阵的秩为 r，因为 $1\leqslant r\leqslant \min(m,\ n)$，故当 $m>n$ 时，$r\leqslant n$，即线性无关的向量最多为 n 个，所以当 $m>n$ 时，m 个向量必然线性相关。这表明，方程组的方程数 m 多于未知量 n 时，必定有方程与其他方程存在齐次性或叠加性的关系，因此有多余的方程。在用 KCL 和 KVL 列出的方程中都有多余的方程。

第③点是在前两点的基础上得出的重要一点。首先，需要找出一组线性无关向量例如 $\boldsymbol{a}_1,\ \boldsymbol{a}_2,\ \cdots,\ \boldsymbol{a}_m$，再加入向量 $\boldsymbol{x}$，对向量组 $\boldsymbol{a}_1,\ \boldsymbol{a}_2,\ \cdots,\ \boldsymbol{a}_m,\ \boldsymbol{x}$ 进行相关性判断，如该向量组线性相关，则 $\boldsymbol{x}=c_1\boldsymbol{a}_1+c_2\boldsymbol{a}_2+\cdots c_m\boldsymbol{a}_m$ 是唯一的表示式；反之，向量 $\boldsymbol{x}$ 能由向量组 $\boldsymbol{a}_1,\ \boldsymbol{a}_2,\ \cdots,\ \boldsymbol{a}_m$ 线性表示出，则存在唯一解，即 $c_1,\ c_2,\ \cdots,\ c_m$ 是唯一确定的。

总之，线性方程组的解向量可以用一组线性无关向量的线性组合“唯一”表示。

3.3.2　向量组的秩

定义 3-17　设有向量组 $\boldsymbol{A}$：$\boldsymbol{a}_1,\ \boldsymbol{a}_2,\ \cdots,\ \boldsymbol{a}_m$，如果在 $\boldsymbol{A}$ 中能够选出 r 个向量构成向量组 $\boldsymbol{A}_0$：$\boldsymbol{a}_1,\ \boldsymbol{a}_2,\ \cdots,\ \boldsymbol{a}_r\ (r\leqslant m)$，且 $\boldsymbol{A}_0$ 满足：①向量组 $\boldsymbol{A}_0$ 线性无关；②向量组 $\boldsymbol{A}$ 中任意 $(r+1)$ 个向量（如果有的话）都线性相关，那么称向量组 $\boldsymbol{A}_0$ 是向量组 $\boldsymbol{A}$ 的一个最大线性无关向量组，简称最大无关组。最大无关组所含向量的个数 r 称为向量组的秩，记为 $R_A=r$。

只含有零向量的向量组没有最大无关组，规定其秩为零。

前面已经简单讨论了向量组组成的矩阵的秩即是线性无关向量的个数。按照定义 3-17 可知，矩阵 $\boldsymbol{A}$ 的秩 $R(\boldsymbol{A})$ 就等于组成该矩阵的向量组 $\boldsymbol{a}_1,\ \boldsymbol{a}_2,\ \cdots,\ \boldsymbol{a}_m$ 的秩 R_A，所以下面不再区分这两个秩的表示，但是向量组的秩有其特别的意义。

非零 n 维向量组 $\boldsymbol{A}$：$\boldsymbol{a}_1,\ \boldsymbol{a}_2,\ \cdots,\ \boldsymbol{a}_m$ 的最大无关组可能有很多个，但每个最大无关组都由 r 个向量组成。若向量组 $\boldsymbol{A}$ 线性无关，则自身就是其最大无关组。其中每个向量都用自身表示，这时秩表示向量组 $\boldsymbol{A}$ 所含向量的个数。

若向量组 $\boldsymbol{A}$ 线性相关，则向量组 $\boldsymbol{A}$ 与它的最大无关向量组 $\boldsymbol{A}_0$ 等价，即组 $\boldsymbol{A}$ 中的向量与组 $\boldsymbol{A}_0$ 中的向量可以互相线性表出。首先，因为 $\boldsymbol{A}_0$ 组是 A 组的部分组，所以 $\boldsymbol{A}_0$ 组中的向量都能由 $\boldsymbol{A}$ 组中的向量线性表示。同时，按照定义 3-17 和定理 3-9，$\boldsymbol{A}$ 组中的 $\boldsymbol{A}_0$ 组含有的 r 个向量线性无关，故组成一个最大无关组 $\boldsymbol{A}_0$：$\boldsymbol{a}_1,\ \boldsymbol{a}_2,\ \cdots,\ \boldsymbol{a}_r$。又因向量组 $\boldsymbol{A}$ 中任意 $(r+1)$ 个向量（如果有的话）都线性相关，所以第 $(r+1)$ 个向量必能由 $\boldsymbol{A}_0$ 组中的 r 个向量唯一线性表示出。

可见，n 维向量组成的向量组 $\boldsymbol{A}$ 可以含有很多向量，但其等价的最大无关向量组 $\boldsymbol{A}_0$ 最多含有 n 个向量，即 $\boldsymbol{A}_0$ 的秩 $r\leqslant n$，所以可用这 r 个向量代表很多向量，甚至无穷多向量来讨论无穷多解的问题。

特别地，若 n 个 n 维向量组成的向量组线性无关，则单位向量组是它的等价向量组。这只需将这 n 个 n 维向量组成矩阵，对其进行初等变换即可得到结果。

例 3-6　在第 1 章中方程(1-2)的系数矩阵由向量

$$a_1=\begin{pmatrix}-1\\0\\0\\0\\1\end{pmatrix},\ a_2=\begin{pmatrix}-1\\1\\0\\0\\0\end{pmatrix},\ a_3=\begin{pmatrix}0\\-1\\1\\0\\0\end{pmatrix},\ a_4=\begin{pmatrix}0\\-1\\0\\1\\0\end{pmatrix},\ a_5=\begin{pmatrix}0\\0\\-1\\1\\0\end{pmatrix},\ a_6=\begin{pmatrix}0\\0\\-1\\0\\1\end{pmatrix},\ a_7=\begin{pmatrix}0\\0\\0\\-1\\1\end{pmatrix}$$

组成。试求出该向量组的一个最大无关组，并验证它们是等价的。

解 首先将向量组写为矩阵：

$$A=\begin{pmatrix}-1&-1&0&0&0&0&0\\0&1&-1&-1&0&0&0\\0&0&1&0&-1&-1&0\\0&0&0&1&1&0&-1\\1&0&0&0&0&1&1\end{pmatrix}$$

其次进行初等变换后得

$$A\to\begin{pmatrix}1&0&0&0&0&1&1\\0&1&0&0&0&-1&-1\\0&0&1&0&-1&-1&0\\0&0&0&1&1&0&-1\\0&0&0&0&0&0&0\end{pmatrix}$$

显然，该矩阵的秩 $R(A)=4$，所以向量组的极大无关组由四个向量组成。因矩阵已变换为最简形矩阵，故最大无关组 A_0 可选取 a_1、a_2、a_3、a_4 组成。

因为 A_0 组是 A 的部分组，所以 A_0 组的向量可由 A 组的向量表示出；另一方面，从变换得到的等价矩阵可知，A 组的向量可由 A_0 组的向量表示，即

$$\begin{cases}a_1=a_1,\ a_2=a_2,\ a_3=a_3,\ a_4=a_4\\a_5=-a_3+a_4\\a_6=a_1-a_1-a_3\\a_7=a_1-a_2-a_4\end{cases}$$

所以，向量组 A 与向量组 A_0 是等价的。

同样地，矩阵的秩可用于讨论电路方程(KCL、KVL方程)的相关性。在本例中，根据KCL列出了五个方程，但由于秩 $r=4$，所以只有四个向量是线性无关的，其对应的线性无关方程也为四个。换句话说，有一个方程是非独立的，它可由其他方程的线性组合表示，即只有四个方程是独立的。

用图论可以证明，若电路中有 n 个节点，b 条支路，则用KCL可以列出 $n-1$ 个线性无关或独立的方程；用KVL可以列出 $b-(n-1)$ 个线性无关或独立的方程。

3.4　线性方程组解的结构

线性方程组有无穷多解，相当于有无穷多解向量。若能从中求出一个最大无关解向量组，则全部解向量便可由组成该最大无关组的有限个向量唯一表示出。当然，由于最大无关组有多种选取方式，所以完全解的唯一表示式也有多种，它们每一种都可以称为“唯一”表示式。

3.4.1　齐次线性方程组解的结构

我们已经知道，齐次线性方程组一定有解，至少有零解。如果齐次方程组系数矩阵的秩 r 小于未知量的个数 n，则方程组有非零解且一定是无穷多解。

性质 3-1　若向量 $\boldsymbol{x}=\boldsymbol{\xi}_1$，$\boldsymbol{x}=\boldsymbol{\xi}_2$ 是线性方程组 $\boldsymbol{Ax}=\boldsymbol{0}$ 的两个解向量，则向量 $\boldsymbol{x}=\boldsymbol{\xi}_1+\boldsymbol{\xi}_2$ 也是线性方程组 $\boldsymbol{Ax}=\boldsymbol{0}$ 的解向量。

性质 3-2　若向量 $\boldsymbol{x}=\boldsymbol{\xi}$ 是线性方程组 $\boldsymbol{Ax}=\boldsymbol{0}$ 的解向量，则向量 $\boldsymbol{x}=k\boldsymbol{\xi}$ 也是线性方程组 $\boldsymbol{Ax}=\boldsymbol{0}$ 的解向量。

这两个性质表明，解向量集合构成一个线性代数系统，其特征是解向量的线性组合，即解向量齐次叠加后 $\boldsymbol{x}=k_1\boldsymbol{\xi}_1+k_2\boldsymbol{\xi}_2$ 仍然为解向量，其中 k_1、k_2 为常数。按照定义 3-17 和定理 3-9，从无穷多解向量中若能找到一个最大无关解向量组，则全部解向量便可由该最大无关解向量组的线性组合唯一表示。其中，最大无关解向量组通常称为基础解系，全部解向量则称为全部解或完全解。上面讨论的结果可以总结为一个重要定理。

定理 3-10　设 n 元齐次线性方程组 $\boldsymbol{Ax}=\boldsymbol{0}$ 系数矩阵 $\boldsymbol{A}$ 的秩 $R(\boldsymbol{A})=r$，则：①若 $r<n$，则方程组存在非零无穷多解，且其基础解系中含有 $l=n-r$ 个向量；②若 $r=n$，则方程组只有零解，且无基础解系。

3.4.2　非齐次线性方程组解的结构

性质 3-3　若向量 $\boldsymbol{x}_1=\boldsymbol{\eta}_1$，$\boldsymbol{x}=\boldsymbol{\eta}_2$ 是线性方程组 $\boldsymbol{Ax}=\boldsymbol{b}$ 的两个解向量，则向量 $\boldsymbol{x}=\boldsymbol{\eta}_1-\boldsymbol{\eta}_2$ 是方程组 $\boldsymbol{Ax}=\boldsymbol{b}$ 对应的齐次方程组 $\boldsymbol{Ax}=\boldsymbol{0}$ 的解向量。

性质 3-4　若向量 $\boldsymbol{x}=\boldsymbol{\eta}^*$ 是线性方程组 $\boldsymbol{Ax}=\boldsymbol{b}$ 的解向量，而向量 $\boldsymbol{x}=\boldsymbol{\xi}$ 是方程组 $\boldsymbol{Ax}=\boldsymbol{b}$ 对应的齐次方程组 $\boldsymbol{Ax}=\boldsymbol{0}$ 的解向量，则 $\boldsymbol{x}=\boldsymbol{\eta}^*+\boldsymbol{\xi}$ 是线性方程组 $\boldsymbol{Ax}=\boldsymbol{b}$ 的解向量。

根据这两个性质可知，若能分别求出非齐次线性方程组 $\boldsymbol{Ax}=\boldsymbol{b}$ 的一个解 $\boldsymbol{\eta}^*$，同时又能求出其对应齐次方程的解 $\boldsymbol{\xi}=k_1\boldsymbol{\xi}_1+k_2\boldsymbol{\xi}_2+\cdots+k_l\boldsymbol{\xi}_l$，则非齐次线性方程组 $\boldsymbol{Ax}=\boldsymbol{b}$ 的全部解或完全解为

$$\boldsymbol{x}=\boldsymbol{\eta}+\boldsymbol{\xi}=\boldsymbol{\eta}^*+k_1\boldsymbol{\xi}_1+k_2\boldsymbol{\xi}_2+\cdots+k_l\boldsymbol{\xi}_l \tag{3-12}$$

这就是非齐次线性方程组解的结构。

定理 3-11 设 n 元非齐次线性方程组 $\boldsymbol{Ax}=\boldsymbol{b}$ 有解，即系数矩阵的秩等于增广矩阵的秩，并设为 r，则：①若 $r<n$，$\boldsymbol{\eta}^*$ 是 $\boldsymbol{Ax}=\boldsymbol{b}$ 的一个特解，$\boldsymbol{\xi}_1, \boldsymbol{\xi}_2, \cdots, \boldsymbol{\xi}_{n-r}$ 是对应齐次方程组 $\boldsymbol{Ax}=\boldsymbol{0}$ 的一个基础解系，则 $\boldsymbol{x}=\boldsymbol{\eta}^*+\boldsymbol{\xi}=\boldsymbol{\eta}^*+k_1\boldsymbol{\xi}_1+k_2\boldsymbol{\xi}_2+\cdots+k_{n-r}\boldsymbol{\xi}_{n-r}$ 是 $\boldsymbol{Ax}=\boldsymbol{b}$ 的全部解或完全解；②若 $r=n$，则非齐次线性方程组 $\boldsymbol{Ax}=\boldsymbol{b}$ 有唯一解。

例 3-7 对于方程组 $\begin{cases} x_1+2x_2-2x_3+2x_4=2 \\ x_2-x_3-x_4=1 \\ x_1+x_2-x_3+3x_4=a \\ x_1-x_2+x_3+5x_4=b \end{cases}$，在有解的情况下求出其完全解。

解 (1)解的存在性。

写出方程组的增广矩阵：

$$\boldsymbol{B}=\begin{pmatrix} 1 & 2 & -2 & 2 & 2 \\ 0 & 1 & -1 & -1 & 1 \\ 1 & 1 & -1 & 3 & a \\ 1 & -1 & 1 & 5 & b \end{pmatrix}$$

进行初等变换后得

$$\boldsymbol{B}\to\begin{pmatrix} 1 & 0 & 0 & 4 & 0 \\ 0 & 1 & -1 & -1 & 1 \\ 0 & 0 & 0 & 0 & a-b \\ 0 & 0 & 0 & 0 & b+1 \end{pmatrix}$$

当 $a=1$，$b=-1$ 时，系数矩阵的秩 $R(\boldsymbol{A})$ 等于增广矩阵的秩 $R(\boldsymbol{B})$，且 $R(\boldsymbol{A})=R(\boldsymbol{B})=r=2<n=4$。这时，方程组有解且是无穷多解。

(2)非齐次方程组的特解和齐次方程组的解。

当 $a=1,b=-1$ 时，增广矩阵经初等变换得到的等价矩阵对应的方程组为

$$\begin{cases} x_1 \qquad\qquad +4x_4=0 \\ \qquad x_2-x_3-x_4=0 \end{cases} \tag{3-13}$$

显然有

$$\begin{cases} x_1=-4x_4 \\ x_2=1+x_3+x_4 \end{cases} \tag{3-14}$$

故自由未知量为 x_3和x_4。

①特解。取 $x_3=0$，$x_4=0$，得到非齐次方程组的一个特解 $\boldsymbol{\eta}^*$，即 $\boldsymbol{\eta}^*=\begin{pmatrix} x_1 \\ x_2 \\ x_3 \\ x_4 \end{pmatrix}=\begin{pmatrix} 0 \\ 1 \\ 0 \\ 0 \end{pmatrix}$。

②齐次解。对于非齐次方程组(3-13)，令右端常数项等于零，得到对应的齐次方程组为

$$\begin{cases} x_1 \qquad\qquad +4x_4=0 \\ \qquad x_2-x_3-x_4=0 \end{cases}，即 \begin{cases} x_1=-4x_4 \\ x_2=x_3+x_4 \end{cases} \tag{3-15}$$

任取$\begin{pmatrix} x_3 \\ x_4 \end{pmatrix}$为线性无关向量组，例如$\begin{pmatrix} 2 \\ 3 \end{pmatrix}$和$\begin{pmatrix} 3 \\ 2 \end{pmatrix}$，则在其上面添加两个分量后得到的向量为

$$\boldsymbol{\xi}_1 = \begin{pmatrix} a_{11} \\ a_{12} \\ 2 \\ 3 \end{pmatrix}, \quad \boldsymbol{\xi}_2 = \begin{pmatrix} a_{21} \\ a_{22} \\ 3 \\ 2 \end{pmatrix}$$

按照定理 3-8，$\boldsymbol{\xi}_1$、$\boldsymbol{\xi}_2$是线性无关组，且由方程(3-15)可具体求出

$$\boldsymbol{\xi}_1 = \begin{pmatrix} -12 \\ 5 \\ 2 \\ 3 \end{pmatrix}, \quad \boldsymbol{\xi}_2 = \begin{pmatrix} -8 \\ 5 \\ 3 \\ 2 \end{pmatrix}$$

下面讨论$\boldsymbol{\xi}_1$和$\boldsymbol{\xi}_2$能否构成最大无关组。

任取$\begin{pmatrix} x_3 \\ x_4 \end{pmatrix} = \begin{pmatrix} k_1' \\ k_2' \end{pmatrix}$，$k_1'$、$k_2'$为任意常数，代入式(3-15)，得解向量

$$\begin{pmatrix} x_1 \\ x_2 \\ x_3 \\ x_4 \end{pmatrix} = k_1' \begin{pmatrix} -12 \\ 5 \\ 2 \\ 3 \end{pmatrix} + k_2' \begin{pmatrix} -8 \\ 5 \\ 3 \\ 2 \end{pmatrix}$$

或者令

$$\boldsymbol{\xi} = \begin{pmatrix} x_1 \\ x_2 \\ x_3 \\ x_4 \end{pmatrix}, \quad \boldsymbol{\xi}_1 = \begin{pmatrix} -12 \\ 5 \\ 2 \\ 3 \end{pmatrix}, \quad \boldsymbol{\xi}_2 = \begin{pmatrix} -8 \\ 5 \\ 3 \\ 2 \end{pmatrix}$$

得到$\boldsymbol{\xi} = k_1'\boldsymbol{\xi}_1 + k_2'\boldsymbol{\xi}_2$。

显然，k_1'、k_2'为任何取值时，向量组$\boldsymbol{\xi}_1$、$\boldsymbol{\xi}_2$、$\boldsymbol{\xi}$线性相关。按照定理 3-9，$\boldsymbol{\xi}_1$、$\boldsymbol{\xi}_2$线性无关，而$\boldsymbol{\xi}_1$、$\boldsymbol{\xi}_2$、$\boldsymbol{\xi}$线性相关，则$\boldsymbol{\xi}$一定能由$\boldsymbol{\xi}_1$、$\boldsymbol{\xi}_2$的线性组合唯一表示。根据定义 3-17，$\boldsymbol{\xi}_1$、$\boldsymbol{\xi}_2$就是无穷多解向量的最大无关组，所以构成齐次方程组的基础解系，与定理 3-10 给出的基础解系为$n - r = 2$个完全一致。所以齐次解为

$$\boldsymbol{\xi} = k_1' \begin{pmatrix} -12 \\ 5 \\ 2 \\ 3 \end{pmatrix} + k_2' \begin{pmatrix} -8 \\ 5 \\ 3 \\ 2 \end{pmatrix}$$

实际计算中，我们可使用定理 3-10 直接得出齐次方程组解的线性组合的表示式。

(3) 非齐次方程组的完全解。

按照定理 3-11，得到$a = 1$，$b = -1$条件下原方程组的全部解或完全解的一种“唯一”表示式：

$$x=\eta^*+\xi=\begin{pmatrix}0\\1\\0\\0\end{pmatrix}+k_1'\begin{pmatrix}-12\\5\\2\\3\end{pmatrix}+k_2'\begin{pmatrix}-8\\5\\3\\2\end{pmatrix}$$

通常，取$\begin{pmatrix}x_3\\x_4\end{pmatrix}$为$\begin{pmatrix}1\\0\end{pmatrix}$和$\begin{pmatrix}0\\1\end{pmatrix}$，可得到另一种“唯一”表示式：

$$x=\eta^*+\xi=\begin{pmatrix}0\\1\\0\\0\end{pmatrix}+k_1\begin{pmatrix}0\\1\\1\\0\end{pmatrix}+k_2\begin{pmatrix}-4\\1\\0\\1\end{pmatrix}$$

其中，k_1、k_2为任意常数。

3.5 矩阵在电路分析中的应用

矩阵作为一种集合，其同类矩阵满足加法运算和数乘运算的封闭性，所以构成线性代数系统。这样，线性电路系统中的KCL、KVL和VCR方程都可以表示为矩阵形式，从而可借助矩阵理论对电路系统的特性进行计算分析。

3.5.1 KCL和KVL的矩阵形式

在第1章中，对于图1-1的电路拓扑图，我们给出了方程(1-1)、方程(1-2)和方程(1-3)。首先将方程(1-2)，即KCL所列方程写为矩阵形式：

$$\begin{pmatrix}-1&-1&0&0&0&0&0\\0&1&-1&-1&0&0&0\\0&0&1&0&-1&-1&0\\0&0&0&1&1&0&-1\\1&0&0&0&0&1&1\end{pmatrix}\begin{pmatrix}i_1\\i_2\\i_3\\i_4\\i_5\\i_6\\i_7\end{pmatrix}=0$$

考虑到，KCL所列方程只有$n-1$个是独立的，因此可以从上述矩阵中去除一个方程。在电路分析中，通常去除的KCL节点方程是电位假定为参考点的那一个节点方程。为方便计，选择图1-1中的E点为电位的参考点，即假设式(1-1)中的$u_E=0$。同时去除方程(1-2)中的第五个方程，于是得

$$\begin{pmatrix}-1 & -1 & 0 & 0 & 0 & 0 & 0\\ 0 & 1 & -1 & -1 & 0 & 0 & 0\\ 0 & 0 & 1 & 0 & -1 & -1 & 0\\ 0 & 0 & 0 & 1 & 1 & 0 & -1\end{pmatrix}\begin{pmatrix}i_1\\ i_2\\ i_3\\ i_4\\ i_5\\ i_6\\ i_7\end{pmatrix}=\mathbf{0}$$

其中的 4×7 阶矩阵称为电路的关联矩阵，记为

$$\boldsymbol{A}=\begin{pmatrix}-1 & -1 & 0 & 0 & 0 & 0 & 0\\ 0 & 1 & -1 & -1 & 0 & 0 & 0\\ 0 & 0 & 1 & 0 & -1 & -1 & 0\\ 0 & 0 & 0 & 1 & 1 & 0 & -1\end{pmatrix}\begin{matrix}A\\ B\\ C\\ D\end{matrix}$$
$$\begin{matrix}i_1 & i_2 & i_3 & i_4 & i_5 & i_6 & i_7\end{matrix}$$

对照图 1-1(a)，可以直接写出关联矩阵的表示式。因为“0”表示支路电流与节点没有关联，“1”表示支路电流是流向节点的，“-1”则表示支路电流是流出节点的。对于用拓扑图表示的电路均可按该规则写出关联矩阵 $\boldsymbol{A}$，从而将 KCL 表示为矩阵形式：

$$\boldsymbol{AI}=\mathbf{0} \tag{3-16}$$

其中，矩阵 $\boldsymbol{A}$ 是 $(n-1)\times b$ 阶矩阵，向量 $\boldsymbol{I}$ 是由 b 个支路电流 i_1，i_2，…，i_6 构成的电流向量，它是 $b\times 1$ 阶矩阵。

特别需要指出的是，对于节点 A 的电流方程 $-i_1-i_2=0$，实际上表明了两个电流大小相等，方向一致的结果，这正是中学所学“串联电路电流相等”的依据。所以，若不将 A 点视为节点，则 KCL 电流方程还要去除一个。这时，只需将 A 点不作为节点看待，电流 i_1 改为与 i_2 方向相同或不再标示即可。但关联矩阵需更改为

$$\boldsymbol{A}=\begin{pmatrix}1 & -1 & -1 & 0 & 0 & 0\\ 0 & 1 & 0 & -1 & -1 & 0\\ 0 & 0 & 1 & 1 & 0 & -1\end{pmatrix}\begin{matrix}B\\ C\\ D\end{matrix} \tag{3-17}$$
$$\begin{matrix}i_2 & i_3 & i_4 & i_5 & i_6 & i_7\end{matrix}$$

对于 KVL 列出方程(1-3)的系数矩阵，经过初等变换得到等价矩阵(3-11)，可知秩 $r=3$。根据定理 3-10，七个支路电压 u_1，u_2，…，u_7 构成的电压向量 $\boldsymbol{U}$，可用 $n-r=7-3=4$ 个线性无关向量组线性表出。容易证明，方程组(1-1)右端电位 u_A，u_B，u_C，u_D 的系数组成的四个向量：

$$\begin{pmatrix}1\\1\\0\\0\\0\\0\\0\end{pmatrix},\quad \begin{pmatrix}0\\-1\\1\\1\\0\\0\\0\end{pmatrix},\quad \begin{pmatrix}0\\0\\-1\\0\\1\\1\\0\end{pmatrix},\quad \begin{pmatrix}0\\0\\0\\-1\\-1\\0\\1\end{pmatrix}$$

线性无关。另外，由于式(3-11)矩阵 B_3 对应的方程组：

$$\begin{cases} u_1-u_2-u_3-u_6=0 \\ u_3-u_4+u_5-u_7=0 \\ -u_5+u_6-u_7=0 \end{cases}$$

若选取 $u_2=c_2$，$u_4=c_4$，$u_6=c_6$，$u_7=c_7$ 为自由未知量，则得到另一组 c_2，c_4，c_6，c_7 的系数组成的四个向量：

$$\begin{pmatrix}1\\1\\0\\0\\0\\0\\0\end{pmatrix},\begin{pmatrix}1\\0\\1\\1\\0\\0\\0\end{pmatrix},\begin{pmatrix}0\\0\\-1\\0\\1\\1\\0\end{pmatrix},\begin{pmatrix}1\\0\\1\\0\\-1\\0\\1\end{pmatrix}$$

线性无关。所以方程组(1-1)和方程组(1-3)是同解方程。由于节点电位的独立性，因此在电路分析中当节点较少时，可以利用节点电位列出较少的方程先求出电位，再求解电路变量电压和电流，这种电路分析方法称为节点电位法。

事实上，任选一个节点的电位为参考电位，七个支路电压 u_1，u_2，…，u_7 构成的电压向量都可以由其余四个节点电位唯一表示。式(1-1)是选取 E 点为参考电位的一种唯一表示。

方程组(1-1)容易写为一般的矩阵形式：

$$\boldsymbol{U}+\boldsymbol{A}^{\mathrm{T}}\boldsymbol{U}_N=0 \tag{3-18}$$

称式(3-18)为KVL的矩阵表示式，其中 $\boldsymbol{A}^{\mathrm{T}}$ 是方程组(3-16)中关联矩阵 $\boldsymbol{A}$ 的转置矩阵，$\boldsymbol{U}$ 是由 b 个支路电压 u_1，u_2，…，u_b 为分量组成的电压向量，在方程(1-1)中为 u_1，u_2，…，u_7。$\boldsymbol{U}_N$ 是由 $n-1$ 个节点电位 u_{N1}，u_{N2}，…，$u_{N_{n-1}}$ 为分量组成的电位向量，在方程(1-1)中为 u_A，u_B，u_C 和 u_D。

同样，当电路中网孔较少时，可以利用网孔电流列出较少的方程先求出网孔电流，然后再求解电路变量电压和电流，这种电路分析方法称为网孔电流法。在本章习题19中，对支路电流 i_2、i_3、i_4、i_5、i_6、i_7 用网孔电流 i_{I}、i_{II}、i_{III} 表示的唯一性给出了证明。

3.5.2 二端口电路的 VCR 矩阵形式

在信号处理电路中，大量的实际器件，如变压器、晶体三极管、运算放大器、滤波器等需要等效为二端口电路。为了讨论方便，假设激励为正弦量，电压电流都可用复数表示，设一个端口的电压、电流分别为 $\dot{U}_1$ 和 $\dot{I}_1$，另一个端口的电压、电流分别为 $\dot{U}_2$ 和 $\dot{I}_2$。二端口的电压电流关系VCR可选取 $\dot{U}_1$、$\dot{I}_1$、$\dot{U}_2$、$\dot{I}_2$ 中任意两个量作为自变量，另外两个量则是应变量，这样便有十二种可能的组合，使用较多的有四种。

(1) $\boldsymbol{Y}$ 参数VCR方程。

选取 $\dot{U}_1$、$\dot{U}_2$ 为自变量，$\dot{I}_1$、$\dot{I}_2$ 为应变量，可得方程 $\begin{cases}\dot{I}_1 = Y_{11}\dot{U}_1 + Y_{12}\dot{U}_2 \\ \dot{I}_2 = Y_{21}\dot{U}_1 + Y_{22}\dot{U}_2\end{cases}$。写为矩阵形式 $\begin{pmatrix}\dot{I}_1 \\ \dot{I}_2\end{pmatrix} = \begin{pmatrix}Y_{11} & Y_{12} \\ Y_{21} & Y_{22}\end{pmatrix}\begin{pmatrix}\dot{U}_1 \\ \dot{U}_2\end{pmatrix}$，并称为 $\boldsymbol{Y}$ 参数 VCR 矩阵方程，也称复导纳参数矩阵方程。

(2) $\boldsymbol{Z}$ 参数 VCR 方程。

选取 $\dot{I}_1$、$\dot{I}_2$ 为自变量，$\dot{U}_1$、$\dot{U}_2$ 为应变量，可得方程 $\begin{cases}\dot{U}_1 = Z_{11}\dot{I}_1 + Z_{12}\dot{I}_2 \\ \dot{U}_2 = Z_{21}\dot{I}_1 + Z_{22}\dot{I}_2\end{cases}$。写为矩阵形式 $\begin{pmatrix}\dot{U}_1 \\ \dot{U}_2\end{pmatrix} = \begin{pmatrix}Z_{11} & Z_{12} \\ Z_{21} & Z_{22}\end{pmatrix}\begin{pmatrix}\dot{I}_1 \\ \dot{I}_2\end{pmatrix}$，并称为 $\boldsymbol{Z}$ 参数 VCR 矩阵方程，也称复阻抗参数矩阵方程。

(3) $\boldsymbol{H}$ 参数 VCR 方程。

选取 $\dot{I}_1$、$\dot{U}_2$ 为自变量，$\dot{U}_1$、$\dot{I}_2$ 为应变量，可得方程 $\begin{cases}\dot{U}_1 = H_{11}\dot{I}_1 + H_{12}\dot{U}_2 \\ \dot{I}_2 = H_{21}\dot{I}_1 + H_{22}\dot{U}_2\end{cases}$。写为矩阵形式 $\begin{pmatrix}\dot{U}_1 \\ \dot{I}_2\end{pmatrix} = \begin{pmatrix}H_{11} & H_{12} \\ H_{21} & H_{22}\end{pmatrix}\begin{pmatrix}\dot{I}_1 \\ \dot{U}_2\end{pmatrix}$，并称为 $\boldsymbol{H}$ 参数 VCR 方程，也称混合参数矩阵方程。

(4) $\boldsymbol{B}$ 参数 VCR 方程。

选取 $\dot{U}_1$、$-\dot{I}_1$ 为自变量，$\dot{U}_2$、$\dot{I}_2$ 为应变量，可得方程 $\begin{cases}\dot{U}_2 = B_{11}\dot{U}_1 + B_{12}(-\dot{I}_1) \\ \dot{I}_2 = B_{21}\dot{U}_1 + B_{22}(-\dot{I}_1)\end{cases}$。写为矩阵形式 $\begin{pmatrix}\dot{U}_2 \\ \dot{I}_2\end{pmatrix} = \begin{pmatrix}B_{11} & B_{12} \\ B_{21} & B_{22}\end{pmatrix}\begin{pmatrix}\dot{U}_1 \\ -\dot{I}_1\end{pmatrix}$，并称为 $\boldsymbol{B}$ 参数 VCR 方程，也称传输参数矩阵方程。

对于实际器件，参数矩阵中的元素都可以根据器件中发生的物理现象而被确定。例如混合参数矩阵方程用于理想变压器时，电压电流关系为

$$\begin{pmatrix}\boldsymbol{U}_1 \\ \boldsymbol{I}_2\end{pmatrix} = \begin{pmatrix}0 & n \\ -1/n & 0\end{pmatrix}\begin{pmatrix}\boldsymbol{I}_1 \\ \boldsymbol{U}_2\end{pmatrix}$$

其中，n 是变压器的变比。晶体三极管在低频信号放大时的电压电流关系为

$$\begin{pmatrix}\boldsymbol{U}_1 \\ \boldsymbol{I}_2\end{pmatrix} = \begin{pmatrix}r_{be} & 0 \\ \beta & -1/r_{ce}\end{pmatrix}\begin{pmatrix}\boldsymbol{I}_1 \\ \boldsymbol{U}_2\end{pmatrix}$$

其中，r_{be}、r_{ce}、β 是三极管的特性参数。

另外，若已知一种参数矩阵，便可通过矩阵的运算规则或参数方程之间的等效变换求出其他几种参数矩阵。例如，若 $\boldsymbol{Y}$ 参数的逆矩阵存在，则 $\boldsymbol{Z}$ 参数为

$$\begin{pmatrix}Z_{11} & Z_{12} \\ Z_{21} & Z_{22}\end{pmatrix} = \begin{pmatrix}Y_{11} & Y_{12} \\ Y_{21} & Y_{22}\end{pmatrix}^{-1}$$

还有，可从 $\boldsymbol{Z}$ 参数方程等效变换得出关系式为

$$\begin{pmatrix}\dot{U}_1 \\ \dot{I}_2\end{pmatrix} = \begin{pmatrix}Z_{11} - Z_{12}/Z_{22} & Z_{12} \\ -Z_{21}/Z_{22} & 1/Z_{22}\end{pmatrix}\begin{pmatrix}\dot{I}_1 \\ \dot{U}_2\end{pmatrix}$$

从而得出 $\boldsymbol{H}$ 参数与 $\boldsymbol{Z}$ 参数的关系式为

$$\begin{pmatrix} H_{11} & H_{12} \\ H_{21} & H_{22} \end{pmatrix} = \begin{pmatrix} Z_{11} - Z_{12}/Z_{22} & Z_{12} \\ -Z_{21}/Z_{22} & 1/Z_{22} \end{pmatrix}$$

综上，电路的拓扑约束和元件约束均可被表示为矩阵形式，所以可在矩阵理论这个数学工具的架构上对电路的各种特性进行分析、计算和讨论。在第 4 章中，我们将利用这些求解状态方程电路变量的解。

习题 3

(1) 教室有两个门，各存在两种状态，用两个数字描述，用“1”表示打开状态，用“0”表示关闭状态。打开时人可以出入，也可用“1”表示，关闭时人不可以出入，也可用“0”表示。用一个矩阵表示人是否可以出入与两个门所处状态的关系。

(2) 较长的楼道中间装有一盏灯，在楼道的两端各装有一个单刀双置开关。当灯处于发亮状态时，不论按动哪一个开关都可以使灯熄灭；而当灯处于熄灭状态时，不论按动哪一个开关都可以使灯点亮。试用一个矩阵描述灯的亮灭与两个开关所处状态的关系。

(3) 古代田忌与齐王备上、中、下等级的各一匹马进行赛马对弈，每轮比赛三次，每次各出一匹马，三次对弈中两次及两次以上赢为胜，否则为负。按上、中、下等级马的出场顺序二者都有六种排列方式，可以进行 36 轮对弈。试列出一个 6×6 矩阵来表示这三十六轮的对弈结果。

(4) 设矩阵 $\boldsymbol{A}=\begin{pmatrix} 2 & 1 & 5 \\ 1 & -1 & 1 \end{pmatrix}$，$\boldsymbol{B}=\begin{pmatrix} 1 & -3 & 2 \\ 2 & 3 & 2 \end{pmatrix}$，求 $\boldsymbol{A}+\boldsymbol{B}$，$\boldsymbol{A}-2\boldsymbol{B}$，$2\boldsymbol{A}-3\boldsymbol{B}$。

(5) 设矩阵 $\boldsymbol{A}=\begin{pmatrix} 2 & 1 & 5 \\ 1 & -1 & 1 \\ 1 & 2 & 2 \end{pmatrix}$，$\boldsymbol{B}=\begin{pmatrix} 1 & -3 & 2 \\ 2 & 3 & 2 \\ 2 & -4 & 1 \end{pmatrix}$。求

① $2\boldsymbol{A}$；② $\boldsymbol{A}+\boldsymbol{B}$；③ $2\boldsymbol{A}-3\boldsymbol{B}$；④ $(2\boldsymbol{A})^{\mathrm{T}}-(3\boldsymbol{B})^{\mathrm{T}}$；⑤ $\boldsymbol{AB}$；⑥ $\boldsymbol{BA}$；⑦ $\boldsymbol{A}^{\mathrm{T}}\boldsymbol{B}^{\mathrm{T}}$；⑧ $(\boldsymbol{BA})^{\mathrm{T}}$。

(6) 已知矩阵 $\boldsymbol{X}$ 满足方程 $3\boldsymbol{X}-\boldsymbol{B}=2\boldsymbol{A}+\boldsymbol{X}$，其中 $\boldsymbol{A}=\begin{pmatrix} 1 & 2 \\ 0 & -2 \\ -3 & 1 \end{pmatrix}$，$\boldsymbol{B}=\begin{pmatrix} -1 & 0 \\ 2 & -1 \\ 1 & 1 \end{pmatrix}$，求 $\boldsymbol{X}$。

(7) 求解方程组 $\begin{pmatrix} -1 & 2 & 1 \\ 1 & 3 & -2 \\ -1 & 7 & 0 \end{pmatrix}\begin{pmatrix} x_1 \\ x_2 \\ x_3 \end{pmatrix}=\begin{pmatrix} 0 \\ 1 \\ 1 \end{pmatrix}$。

(8) 求解下列矩阵方程。

① $\begin{pmatrix} 2 & 5 \\ 1 & 3 \end{pmatrix}\boldsymbol{X}=\begin{pmatrix} 4 & -6 \\ 2 & 1 \end{pmatrix}$；② $\begin{pmatrix} 1 & 4 \\ -1 & 1 \end{pmatrix}\boldsymbol{X}\begin{pmatrix} 2 & 0 \\ -1 & 1 \end{pmatrix}=\begin{pmatrix} 3 & 1 \\ 0 & -1 \end{pmatrix}$。

(9) 设矩阵 $\boldsymbol{A}=\begin{pmatrix} 0 & 3 & 3 \\ 1 & 1 & 0 \\ -1 & 2 & 3 \end{pmatrix}$，$\boldsymbol{AB}=\boldsymbol{A}+2\boldsymbol{B}$，求矩阵 $\boldsymbol{B}$。

(10) 设矩阵 $A=\begin{pmatrix}1&0&1\\0&2&0\\1&0&1\end{pmatrix}$，$AB+E=A^2+B$，求矩阵 B。

(11) 用求逆矩阵的方法求解下述方程组。

① $\begin{pmatrix}1&2&3\\2&3&1\\3&1&2\end{pmatrix}\begin{pmatrix}x_1\\x_2\\x_3\end{pmatrix}=\begin{pmatrix}2\\3\\4\end{pmatrix}$；② $\begin{pmatrix}2&1&1\\3&2&1\\2&1&2\end{pmatrix}\begin{pmatrix}x_1\\x_2\\x_3\end{pmatrix}=\begin{pmatrix}2\\4\\3\end{pmatrix}$。

(12) 字母 a，b，…，i 这九个字母可用数字 1，2，…，9 来代替进行矩阵编码，即 $A=\begin{pmatrix}1&2&3\\4&5&6\\7&8&9\end{pmatrix}$，但容易被破译。若找一个矩阵 B，其行列式的值为 1，例如 $B=\begin{pmatrix}1&0&0\\3&1&5\\-2&0&1\end{pmatrix}$，$|B|=1$，则其逆矩阵的元素由整数组成。若用矩阵 B^{-1} 左乘矩阵 $A=\begin{pmatrix}1&2&3\\4&5&6\\7&8&9\end{pmatrix}$ 作为编码发送，求出编码矩阵。若接收方需要解码，应该怎么做？

(13) 求下列矩阵的秩。

① $A=\begin{pmatrix}1&0&1\\0&-1&1\\-1&1&1\end{pmatrix}$；② $A=\begin{pmatrix}1&2&3&4\\0&1&-1&2\\1&2&1&-1\end{pmatrix}$；③ $A=\begin{pmatrix}1&1&0&-1\\2&1&1&4\\1&0&1&-1\\0&-1&1&2\end{pmatrix}$。

(14) 把下列矩阵化为最简形矩阵。

① $A=\begin{pmatrix}1&0&1\\0&-1&1\\-1&1&1\end{pmatrix}$；② $A=\begin{pmatrix}1&2&3&4\\0&1&-1&2\\1&2&1&-1\end{pmatrix}$；③ $A=\begin{pmatrix}1&1&0&-1\\2&1&1&4\\1&0&1&-1\\0&-1&1&2\end{pmatrix}$。

(15) 用初等变换求解下述方程组。

① $\begin{cases}x_1+2x_2-x_3=0\\-x_1+x_2-2x_3=0\\2x_1+x_2+3x_3=0\end{cases}$；② $\begin{cases}x_1+x_2=5\\2x_1+x_2+2x_3+x_4=1\\5x_1+3x_2+2x_3+3x_4=3\end{cases}$。

(16) 设向量组 $a_1=\begin{pmatrix}1\\0\\0\\3\end{pmatrix}$，$a_2=\begin{pmatrix}1\\1\\-1\\2\end{pmatrix}$，$a_3=\begin{pmatrix}1\\2\\a-3\\1\end{pmatrix}$，$a_4=\begin{pmatrix}1\\2\\-2\\a\end{pmatrix}$，$b=\begin{pmatrix}0\\1\\b\\-1\end{pmatrix}$，求 a，b 为何值时，① b 能由 a_1、a_2、a_3、a_4 线性唯一表示；② b 不能由 a_1、a_2、a_3、a_4 线性表示；③ b 能由 a_1、a_2、a_3、a_4 线性表示，但不唯一，写出一般表达式。

(17) 求下列齐次方程组的基础解系和通解。

① $\begin{cases}-x_1+x_2-x_3+3x_4=0\\3x_1+x_2-x_3-x_4=0\\2x_1-x_2-2x_3-x_4=0\end{cases}$；② $\begin{cases}3x_1-6x_2-8x_3-x_4-x_5=0\\2x_1-4x_2-7x_3+x_4-4x_5=0\\3x_1-6x_2-9x_3-2x_4=0\end{cases}$。

(18) 求下列方程组的通解。

① $\begin{cases}x_1+x_2+x_3+x_4=1\\x_2-x_3+2x_4=1\\2x_1+3x_2+x_3+4x_4=3\end{cases}$；② $\begin{cases}x_1-x_2+2x_3+2x_4=1\\2x_1+x_2+4x_3+5x_4=5\\-x_1-2x_2-2x_3+x_4=4\end{cases}$。

(19) 方程组(3-17)中的六个电流 i_2、i_3、i_4、i_5、i_6、i_7，可用称为网孔电流的三个电流 i_{I}、i_{II}、i_{III} 表示为 $\begin{cases}i_2=i_{\mathrm{I}}\\i_3=i_{\mathrm{I}}-i_{\mathrm{II}}\\i_4=i_{\mathrm{II}}\\i_5=-i_{\mathrm{II}}+i_{\mathrm{III}}\\i_6=i_{\mathrm{I}}-i_{\mathrm{III}}\\i_7=i_{\mathrm{III}}\end{cases}$，如图 1-1 (a) 所示。试证明该表示式是唯一的。

(20) 已知 $\boldsymbol{Z}$ 参数 VCR 方程中的 $\boldsymbol{Z}$ 参数矩阵为 $\begin{pmatrix}Z_{11} & Z_{12}\\Z_{21} & Z_{22}\end{pmatrix}=\begin{pmatrix}R_1+R_3 & R_3\\R_3 & R_2+R_3\end{pmatrix}$，试求出 $\boldsymbol{Y}$ 参数矩阵、$\boldsymbol{H}$ 参数矩阵和 $\boldsymbol{B}$ 参数矩阵。

(21) 已知 $\boldsymbol{H}$ 参数 VCR 方程中的 $\boldsymbol{H}$ 参数矩阵为 $\begin{pmatrix}H_{11} & H_{12}\\H_{21} & H_{22}\end{pmatrix}=\begin{pmatrix}r_{be} & 0\\\beta & -1/r_{ce}\end{pmatrix}$，试求出 $\boldsymbol{Y}$ 参数矩阵、$\boldsymbol{Z}$ 参数矩阵和 $\boldsymbol{B}$ 参数矩阵。

第4章　相似变换与线性微分方程

线性电路中若含有动态元件电容或电感，则电压、电流与时间的一阶导数使得描述电路特性的约束构成一组线性微分方程或一个微分方程。对第 1 章中RLC串联电路，我们根据KCL、KVL、VCR给出了方程组

$$\begin{cases} u_R = Ri \\ u_L = L\dfrac{\mathrm{d}i}{\mathrm{d}t} \\ i = C\dfrac{\mathrm{d}u_C}{\mathrm{d}t} \\ u_R + u_L + u_C = u_s \end{cases} \tag{4-1}$$

其中，u_s为已知的激励电压。若我们只关心负载的电压或电流，则该电压或电流满足的微分方程称为输出方程，例如式(4-1)中负载若为电容，则电容电压$u_C(t)$满足的输出方程为

$$LC\frac{\mathrm{d}^2u_C}{\mathrm{d}t^2} + RC\frac{\mathrm{d}u_C}{\mathrm{d}t} + u_C = u_s \tag{4-2}$$

若能从式(4-2)求出$u_C(t)$，则可从式(4-1)的方程依次求出$i(t)$，$u_L(t)$，$u_R(t)$。

另一方面，为解决电路的可控性问题，一般需要知道电路内部电感电流和电容电压随时间变化的规律，所以选取电感电流$i_L(t)$和电容电压$u_C(t)$为自变量，置于方程组的右端；再选取电感电流$i_L(t)$和电容电压$u_C(t)$对时间t的一阶导数$\dfrac{\mathrm{d}i_L}{\mathrm{d}t}$、$\dfrac{\mathrm{d}u_C}{\mathrm{d}t}$为应变量，置于方程组的左端，这样建立的一阶微分方程组称为电路的状态方程。例如，从(4-1)可以解得

$$\begin{cases} \dfrac{\mathrm{d}i_L}{\mathrm{d}t} = -\dfrac{1}{L}(Ri_L + u_C) + \dfrac{1}{L}u_s \\ \dfrac{\mathrm{d}u_C}{\mathrm{d}t} = \dfrac{1}{C}i_L \end{cases} \tag{4-3}$$

其中，$i_L(t) = i(t)$。将上式写为矩阵形式得

$$\frac{\mathrm{d}}{\mathrm{d}t}\begin{pmatrix} i_L \\ u_C \end{pmatrix} = \begin{pmatrix} -\dfrac{R}{L} & -\dfrac{1}{L} \\ \dfrac{1}{C} & 0 \end{pmatrix}\begin{pmatrix} i_L \\ u_C \end{pmatrix} + \begin{pmatrix} \dfrac{1}{L} \\ 0 \end{pmatrix}u_s$$

一般地，可将状态方程写成矩阵或向量形式：

$$\frac{\mathrm{d}}{\mathrm{d}t}\boldsymbol{X} = \boldsymbol{AX} + \boldsymbol{Bf} \tag{4-4}$$

其中，$\boldsymbol{X}$称为未知量向量，可假设有n个未知分量，$n=1$，2，3，…；

$\boldsymbol{A}$ 称为系数矩阵，为 $n\times n$ 阶矩阵；

$\boldsymbol{f}$ 称为激励向量，假设共有 m 个激励分量，$m=1$，2，3，…；

$\boldsymbol{B}$ 称为控制矩阵，为 $n\times m$ 阶矩阵。

本章先讨论矩阵的相似变换，然后再讨论式(4-3)对应的齐次微分方程组的求解问题，最后给出式(4-2)和式(4-3)非齐次微分方程特解的计算方法。

4.1 矩阵的特征值与特征向量

定义 4-1 设 $\boldsymbol{A}$ 是 $n\times n$ 矩阵，如果存在数 p 和 n 维非零向量 $\boldsymbol{T}$ 使关系式 $\boldsymbol{AT}=p\boldsymbol{T}$ 成立，那么这样的数 p 称为矩阵 $\boldsymbol{A}$ 的特征值；$\boldsymbol{T}$ 称为矩阵 $\boldsymbol{A}$ 的对应于特征值 p 的特征向量。

将方程 $\boldsymbol{AT}=p\boldsymbol{T}$ 写为 $(\boldsymbol{A}-p\boldsymbol{E})\boldsymbol{T}=0$，其中 $\boldsymbol{E}$ 是 $n\times n$ 阶单位矩阵。这是一个含 n 个未知量的齐次线性方程组，有非零解的充分必要条件是行列式 $|\boldsymbol{A}-p\boldsymbol{E}|=0$，即

$$\begin{vmatrix} a_{11}-p & a_{12} & \cdots & a_{1n} \\ a_{21} & a_{22}-p & \cdots & a_{2n} \\ \vdots & \vdots & & \vdots \\ a_{n1} & a_{n2} & \cdots & a_{nn}-p \end{vmatrix}=0 \tag{4-5}$$

式(4-5)是一个以 p 为未知量的一元 n 次方程，称为矩阵 $\boldsymbol{A}$ 的特征方程。在线性电路中矩阵 $\boldsymbol{A}$ 的元素为实常数，故由该方程得出的是 n 个复数根 p_1, p_2, …, p_n，这 n 个复数根称为矩阵 $\boldsymbol{A}$ 的特征值。由方程 $(\boldsymbol{A}-p_m\boldsymbol{E})\boldsymbol{T}_m=0$（$m=1, 2, 3, \cdots, n$）求出的非零向量 $\boldsymbol{T}_m$ 则为对应特征值 p_m 的特征向量。一般地，若特征值为复数，则特征向量为复向量；若特征值为实数，则特征向量为实向量。

例 4-1 已知某电路的状态方程为 $\dfrac{\mathrm{d}}{\mathrm{d}t}\begin{pmatrix} u_C \\ i_L \end{pmatrix}=\begin{pmatrix} 0 & \dfrac{1}{C} \\ -\dfrac{1}{L} & -\dfrac{R}{L} \end{pmatrix}\begin{pmatrix} u_C \\ i_L \end{pmatrix}$，求系数矩阵 $\boldsymbol{A}=\begin{pmatrix} 0 & \dfrac{1}{C} \\ -\dfrac{1}{L} & -\dfrac{R}{L} \end{pmatrix}$ 的特征值和特征向量。设 $R=10\Omega$，$L=1\mathrm{H}$，$C=1/16\mathrm{F}$。

解 利用已知条件，得出系数矩阵 $\boldsymbol{A}=\begin{pmatrix} 0 & 16 \\ -1 & -10 \end{pmatrix}$，其特征方程为 $\begin{vmatrix} 0-p & 16 \\ -1 & -10-p \end{vmatrix}=0$。求出特征值 $p_1=-2$，$p_2=-8$。

当特征值 $p_1=-2$ 时，特征方程为 $(\boldsymbol{A}-p_1\boldsymbol{E})\boldsymbol{T}_1=0$，即 $\begin{pmatrix} 0-(-2) & 16 \\ -1 & -10-(-2) \end{pmatrix}\begin{pmatrix} T_{11} \\ T_{12} \end{pmatrix}=0$，或 $2T_{11}+16T_{12}=0$，取 $T_{12}=1$，得 $T_{11}=-8$。所以对应特征值 $p_1=-2$ 的一个特征向量为 $\boldsymbol{T}_1=\begin{pmatrix} T_{11} \\ T_{12} \end{pmatrix}=\begin{pmatrix} -8 \\ 1 \end{pmatrix}$；

当特征值 $p_2=-8$ 时，特征方程为 $(\boldsymbol{A}-p_2\boldsymbol{E})\boldsymbol{T}_2=0$，即 $\begin{pmatrix}0-(-8) & 16\\ -1 & -10-(-8)\end{pmatrix}\begin{pmatrix}T_{21}\\ T_{22}\end{pmatrix}=0$，或 $8T_{21}+16T_{22}=0$，取 $T_{22}=1$，得 $T_{21}=-2$。所以对应特征值 $p_2=-8$ 的一个特征向量为 $\boldsymbol{T}_2=\begin{pmatrix}T_{21}\\ T_{22}\end{pmatrix}=\begin{pmatrix}-2\\ 1\end{pmatrix}$。

在本例中，若电阻 $R=0$，其余条件不变，则可求出特征值 $p_1=4\mathrm{j}$，$p_2=-4\mathrm{j}$ 为共轭虚根，与上述类同可求出特征向量 $\boldsymbol{T}_1=\begin{pmatrix}T_{11}\\ T_{12}\end{pmatrix}=\begin{pmatrix}-4\mathrm{j}\\ 1\end{pmatrix}$ 和 $\boldsymbol{T}_2=\begin{pmatrix}T_{21}\\ T_{22}\end{pmatrix}=\begin{pmatrix}4\mathrm{j}\\ 1\end{pmatrix}$，可见也为虚数共轭向量。

定理 4-1　设 p_1，p_2，…，p_n 是 $n\times n$ 矩阵 $\boldsymbol{A}$ 的 n 个特征值，$\boldsymbol{T}_1$，$\boldsymbol{T}_2$，…，$\boldsymbol{T}_n$ 是与之对应的特征向量，如果 p_1，p_2，…，p_n 各不相同，则 $\boldsymbol{T}_1$，$\boldsymbol{T}_2$，…，$\boldsymbol{T}_n$ 线性无关。

显然，$\boldsymbol{T}_1=\begin{pmatrix}T_{11}\\ T_{12}\end{pmatrix}=\begin{pmatrix}-8\\ 1\end{pmatrix}$ 和 $\boldsymbol{T}_2=\begin{pmatrix}T_{21}\\ T_{22}\end{pmatrix}=\begin{pmatrix}-2\\ 1\end{pmatrix}$ 线性无关；$\boldsymbol{T}_1=\begin{pmatrix}T_{11}\\ T_{12}\end{pmatrix}=\begin{pmatrix}-4\mathrm{j}\\ 1\end{pmatrix}$ 和 $\boldsymbol{T}_2=\begin{pmatrix}T_{21}\\ T_{22}\end{pmatrix}=\begin{pmatrix}4\mathrm{j}\\ 1\end{pmatrix}$ 也线性无关。这是矩阵相似变换的基础。

4.2　相似变换与齐次微分方程

在式(4-4)中，若激励 $\boldsymbol{f}=0$，则所得方程称为齐次微分方程组。特别地，设系数矩阵 $\boldsymbol{A}$ 为二阶对角矩阵，即 $\boldsymbol{A}=\begin{pmatrix}a_{11} & 0\\ 0 & a_{22}\end{pmatrix}$，并设 $\boldsymbol{X}=\begin{pmatrix}x_1(t)\\ x_2(t)\end{pmatrix}$，则 $\dfrac{\mathrm{d}}{\mathrm{d}t}\begin{pmatrix}x_1\\ x_2\end{pmatrix}=\begin{pmatrix}a_{11} & 0\\ 0 & a_{22}\end{pmatrix}\begin{pmatrix}x_1\\ x_2\end{pmatrix}$。或 $\dfrac{\mathrm{d}x_1}{\mathrm{d}t}=a_{11}x_1$ 和 $\dfrac{\mathrm{d}x_2}{\mathrm{d}t}=a_{22}x_2$，容易求得 $x_1(t)=M_1\mathrm{e}^{a_{11}t}$ 和 $x_2(t)=M_2\mathrm{e}^{a_{22}t}$，其中 M_1 和 M_2 为积分常数，由初始条件确定。例如，对于 $\dfrac{\mathrm{d}x_1}{\mathrm{d}t}=a_{11}x_1$，可等效变换为 $\dfrac{\mathrm{d}x_1}{x_1}=a_{11}\mathrm{d}t$，两端积分得到 $\ln x_1(t)=a_{11}t+N_1$ 或 $x_1(t)=M_1\mathrm{e}^{a_{11}t}$，$N_1$ 为中间积分常数，$M_1=\mathrm{e}^{N_1}$。设 $a_{11}=-2$，$t=0$ 时 $x_1(0)=5$，则求出 M_1=5。最后得 $x_1(t)=5\mathrm{e}^{-2t}$。由此可以想到，若存在某种变换能将系数矩阵变换为对角矩阵，则能方便地得出齐次微分方程组 $\dfrac{\mathrm{d}}{\mathrm{d}t}\boldsymbol{X}=\boldsymbol{A}\boldsymbol{X}$ 的解。

4.2.1　相似变换与矩阵的对角化

定义 4-2　设矩阵 $\boldsymbol{A}$、$\boldsymbol{B}$ 都是 $n\times n$ 矩阵，若有可逆矩阵 $\boldsymbol{T}$ 使 $\boldsymbol{T}^{-1}\boldsymbol{A}\boldsymbol{T}=\boldsymbol{B}$，则称 $\boldsymbol{B}$ 是 $\boldsymbol{A}$ 的相似矩阵，或者说 $\boldsymbol{A}$ 与 $\boldsymbol{B}$ 相似。对 $\boldsymbol{A}$ 进行的运算 $\boldsymbol{T}^{-1}\boldsymbol{A}\boldsymbol{T}$ 称为对 $\boldsymbol{A}$ 进行相似变换，可逆矩阵 $\boldsymbol{T}$ 称为把 $\boldsymbol{A}$ 变为 $\boldsymbol{B}$ 的相似变换矩阵。

在例 4-1 中，向量 $\boldsymbol{T}_1=\begin{pmatrix}T_{11}\\ T_{12}\end{pmatrix}=\begin{pmatrix}-8\\ 1\end{pmatrix}$ 和 $\boldsymbol{T}_2=\begin{pmatrix}T_{21}\\ T_{22}\end{pmatrix}=\begin{pmatrix}-2\\ 1\end{pmatrix}$ 线性无关，所以可用于构成可

逆矩阵 $\boldsymbol{T}=[\boldsymbol{T}_1,\ \boldsymbol{T}_2]=\begin{pmatrix}T_{11} & T_{21}\\ T_{12} & T_{22}\end{pmatrix}=\begin{pmatrix}-8 & -2\\ 1 & 1\end{pmatrix}$。容易计算得出其逆矩阵 $\boldsymbol{T}^{-1}=-\dfrac{1}{6}\begin{pmatrix}1 & 2\\ -1 & -8\end{pmatrix}$，从而可得

$$\boldsymbol{T}^{-1}\boldsymbol{A}\boldsymbol{T}=-\frac{1}{6}\begin{pmatrix}1 & 2\\ -1 & -8\end{pmatrix}\begin{pmatrix}0 & 16\\ -1 & -10\end{pmatrix}\begin{pmatrix}-8 & -2\\ 1 & 1\end{pmatrix}=\begin{pmatrix}-2 & 0\\ 0 & -8\end{pmatrix}$$

这表明，矩阵 $\boldsymbol{T}^{-1}\boldsymbol{A}\boldsymbol{T}$ 与矩阵 $\boldsymbol{A}$ 的特征值 $p_1=-2$ 和 $p_2=-8$ 构成的对角矩阵相似。

定理 4-2 若 $n\times n$ 矩阵 $\boldsymbol{A}$ 与 $\boldsymbol{B}$ 相似，则 $\boldsymbol{A}$ 与 $\boldsymbol{B}$ 的特征多项式相同，从而 $\boldsymbol{A}$ 与 $\boldsymbol{B}$ 的特征值亦相同。

推论 若 $n\times n$ 矩阵 $\boldsymbol{A}$ 与对角矩阵 $\boldsymbol{\Lambda}=\begin{pmatrix}p_1 & 0 & \cdots & 0\\ 0 & p_2 & \cdots & 0\\ \vdots & \vdots & & \vdots\\ 0 & 0 & \cdots & p_n\end{pmatrix}$ 相似，则 $p_1,\ p_2,\ \cdots,\ p_n$ 是 $\boldsymbol{A}$ 的 n 个特征值。

定理 4-3 $n\times n$ 矩阵 $\boldsymbol{A}$ 能够对角化的充分必要条件是 $\boldsymbol{A}$ 有 n 个线性无关的特征向量。

结合定理 4-1 可知，矩阵 $\boldsymbol{A}$ 存在 n 个线性无关特征向量的前提是 $\boldsymbol{A}$ 的 n 个特征值互不相同。在例 4-1 中特征值为−2 和−8，对应的特征向量线性无关，因此可构成可逆矩阵 $\boldsymbol{T}$ 使矩阵 $\boldsymbol{A}$ 对角化。

推论 如果 $n\times n$ 矩阵 $\boldsymbol{A}$ 的 n 个特征值 $p_1,\ p_2,\ \cdots,\ p_n$ 互不相同，则 $\boldsymbol{A}$ 与对角矩阵 $\boldsymbol{\Lambda}=\begin{pmatrix}p_1 & 0 & \cdots & 0\\ 0 & p_2 & \cdots & 0\\ \vdots & \vdots & & \vdots\\ 0 & 0 & \cdots & p_n\end{pmatrix}$ 相似。

4.2.2 一阶常系数线性齐次微分方程组

线性电路的状态方程(4-4)对应的齐次方程 $\dfrac{\mathrm{d}}{\mathrm{d}t}\boldsymbol{X}=\boldsymbol{A}\boldsymbol{X}$ 因为系数矩阵由常数组成，所以是一组一阶常系数线性齐次微分方程。其中 $\boldsymbol{X}=\begin{pmatrix}x_1(t)\\ x_2(t)\\ \vdots\\ x_n(t)\end{pmatrix}$ 的分量可以是电压，也可以是电流，系数矩阵 $\boldsymbol{A}=\begin{pmatrix}a_{11} & a_{12} & \cdots & a_{1n}\\ a_{21} & a_{22} & \cdots & a_{2n}\\ \vdots & \vdots & & \vdots\\ a_{n1} & a_{n2} & \cdots & a_{nn}\end{pmatrix}$ 是由电路参数和结构确定的实常数矩阵。

若存在相似变换矩阵 $\boldsymbol{T}$，则可引入相似变换 $\boldsymbol{X}=\boldsymbol{T}\boldsymbol{Y}$，代入方程 $\dfrac{\mathrm{d}}{\mathrm{d}t}\boldsymbol{X}=\boldsymbol{A}\boldsymbol{X}$ 后得

$\frac{\mathrm{d}}{\mathrm{d}t}(\boldsymbol{TY}) = \boldsymbol{A}(\boldsymbol{TY})$，从而得

$$\boldsymbol{T}^{-1}\frac{\mathrm{d}}{\mathrm{d}t}(\boldsymbol{TY}) = \boldsymbol{T}^{-1}\boldsymbol{A}(\boldsymbol{TY})\text{，或}\frac{\mathrm{d}}{\mathrm{d}t}\boldsymbol{Y} = \boldsymbol{\Lambda Y}$$

其中

$$\boldsymbol{Y} = \begin{pmatrix} y_1(t) \\ y_2(t) \\ \vdots \\ y_n(t) \end{pmatrix}, \quad \boldsymbol{\Lambda} = \begin{pmatrix} p_1 & 0 & \cdots & 0 \\ 0 & p_2 & \cdots & 0 \\ \vdots & \vdots & & \vdots \\ 0 & 0 & \cdots & p_n \end{pmatrix}$$

p_1，p_2，⋯，p_n 是矩阵 $\boldsymbol{A}$ 的特征值。显然，若矩阵 $\boldsymbol{A}$ 有 n 个不同的特征值，则对应的特征向量 $\boldsymbol{T}_1$，$\boldsymbol{T}_2$，⋯，$\boldsymbol{T}_n$ 线性无关，从而可构成可逆矩阵：

$$\boldsymbol{T} = (\boldsymbol{T}_1,\ \boldsymbol{T}_2,\ \cdots,\ \boldsymbol{T}_n) = \begin{pmatrix} T_{11} & T_{12} & \cdots & T_{1n} \\ T_{21} & T_{22} & \cdots & T_{2n} \\ \vdots & \vdots & & \vdots \\ T_{n1} & T_{n2} & \cdots & T_{nn} \end{pmatrix}$$

由方程 $\frac{\mathrm{d}}{\mathrm{d}t}\boldsymbol{Y} = \boldsymbol{\Lambda Y}$，可求得解 $\boldsymbol{Y}$ 为

$$\boldsymbol{Y} = \begin{pmatrix} y_1(t) \\ y_2(t) \\ \vdots \\ y_n(t) \end{pmatrix} = \begin{pmatrix} M_1\mathrm{e}^{p_1t} \\ M_2\mathrm{e}^{p_2t} \\ \vdots \\ M_n\mathrm{e}^{p_nt} \end{pmatrix} = M_1\mathrm{e}^{p_1t}\begin{pmatrix} 1 \\ 0 \\ \vdots \\ 0 \end{pmatrix} + M_2\mathrm{e}^{p_2t}\begin{pmatrix} 0 \\ 1 \\ \vdots \\ 0 \end{pmatrix} + \cdots + M_n\mathrm{e}^{p_nt}\begin{pmatrix} 0 \\ 0 \\ \vdots \\ 1 \end{pmatrix}$$

$$= M_1\mathrm{e}^{p_1t}\boldsymbol{e}_1 + M_2\mathrm{e}^{p_2t}\boldsymbol{e}_2 + \cdots + M_n\mathrm{e}^{p_nt}\boldsymbol{e}_n$$

其中，$\boldsymbol{e}_1$，$\boldsymbol{e}_2$，⋯，$\boldsymbol{e}_n$ 是单位向量，M_1，M_2，⋯，M_n 是积分常数。由变换 $\boldsymbol{X} = \boldsymbol{TY}$ 可得 $\boldsymbol{X}$ 为

$$\boldsymbol{X} = \begin{pmatrix} x_1(t) \\ x_2(t) \\ \vdots \\ x_n(t) \end{pmatrix} = [\boldsymbol{T}_1, \boldsymbol{T}_2, \cdots\cdots, \boldsymbol{T}_n]\begin{pmatrix} M_1\mathrm{e}^{p_1t} \\ M_2\mathrm{e}^{p_2t} \\ \vdots \\ M_n\mathrm{e}^{p_nt} \end{pmatrix}$$

$$= M_1\mathrm{e}^{p_1t}\boldsymbol{T}_1 + M_2\mathrm{e}^{p_2t}\boldsymbol{T}_2 + \cdots + M_n\mathrm{e}^{p_nt}\boldsymbol{T}_n$$

$$= M_1\mathrm{e}^{p_1t}\begin{pmatrix} T_{11} \\ T_{12} \\ \vdots \\ T_{1n} \end{pmatrix} + M_2\mathrm{e}^{p_2t}\begin{pmatrix} T_{21} \\ T_{22} \\ \vdots \\ T_{2n} \end{pmatrix} + \cdots + M_n\mathrm{e}^{p_nt}\begin{pmatrix} T_{n1} \\ T_{n2} \\ \vdots \\ T_{nn} \end{pmatrix}$$

容易证明，向量组 $\mathrm{e}^{p_1t}\boldsymbol{e}_1$，$\mathrm{e}^{p_2t}\boldsymbol{e}_2$，⋯，$\mathrm{e}^{p_nt}\boldsymbol{e}_n$ 线性无关；向量组 $\mathrm{e}^{p_1t}\boldsymbol{T}_1$，$\mathrm{e}^{p_2t}\boldsymbol{T}_2$，⋯，$\mathrm{e}^{p_nt}\boldsymbol{T}_n$ 也线性无关。n 个线性无关向量组可以构成齐次线性微分方程的基础解组。

定理 4-4　齐次方程组 $\frac{\mathrm{d}}{\mathrm{d}t}\boldsymbol{X} = \boldsymbol{AX}$ 必存在基础解组。

按照线性齐次方程组解的结构理论，若基础解组为 $\boldsymbol{X}_1$，$\boldsymbol{X}_2$，⋯，$\boldsymbol{X}_n$，则其线性组合 $\boldsymbol{X} = M_1\boldsymbol{X}_1 + M_2\boldsymbol{X}_2 + \cdots + M_n\boldsymbol{X}_n$ 是齐次方程的完全解或通解。

定理 4-5 如果方程组 $\frac{\mathrm{d}}{\mathrm{d}t}\boldsymbol{X}=\boldsymbol{A}\boldsymbol{X}$ 的系数矩阵 $\boldsymbol{A}$ 的 n 个特征根 p_1，p_2，…，p_n 彼此互异，且 $\boldsymbol{T}_1$，$\boldsymbol{T}_2$，…，$\boldsymbol{T}_n$ 分别是它们对应的特征向量，则 $\boldsymbol{X}_1(t)=\mathrm{e}^{p_1t}\boldsymbol{T}_1$，$\boldsymbol{X}_2(t)=\mathrm{e}^{p_2t}\boldsymbol{T}_2$，…，$\boldsymbol{X}_n(t)=\mathrm{e}^{p_nt}\boldsymbol{T}_n$ 是该方程组的一个基础解组。

定理 4-5 指出了求齐次方程组 $\frac{\mathrm{d}}{\mathrm{d}t}\boldsymbol{X}=\boldsymbol{A}\boldsymbol{X}$ 基础解组的途径，即先计算系数矩阵的特征值和特征向量，然后利用相似变换便可得到一阶常系数线性齐次微分方程组的完全解或者通解的结构。

例 4-2 求齐次微分方程组 $\frac{\mathrm{d}}{\mathrm{d}t}\begin{pmatrix}x_1\\x_2\end{pmatrix}=\begin{pmatrix}-1&1\\-1&0\end{pmatrix}\begin{pmatrix}x_1\\x_2\end{pmatrix}$ 的完全解。

解 (1) 矩阵 $\boldsymbol{A}$ 的特征值。

由系数矩阵 $\boldsymbol{A}=\begin{pmatrix}-1&1\\-1&0\end{pmatrix}$，得特征方程 $\begin{vmatrix}-1-P&1\\-1&0-p\end{vmatrix}=0$，特征值为 $p_1=-\frac{1}{2}+\frac{\sqrt{3}}{2}\mathrm{j}$，$p_2=-\frac{1}{2}-\frac{\sqrt{3}}{2}\mathrm{j}$，或者 $p_1=\mathrm{e}^{\mathrm{j}120^\circ},p_2=\mathrm{e}^{-\mathrm{j}120^\circ}$。对应的线性无关函数组为 $\boldsymbol{e}^{p_1t}$，$\boldsymbol{e}^{p_2t}$。

(2) 矩阵 $\boldsymbol{A}$ 的特征向量。

特征值 $p_1=\mathrm{e}^{\mathrm{j}120^\circ}$ 对应的特征向量 $\boldsymbol{T}_1=\begin{pmatrix}T_{11}\\T_{12}\end{pmatrix}$ 由方程 $(\boldsymbol{A}-p_1\boldsymbol{E})\boldsymbol{T}_1=0$ 确定为 $\boldsymbol{T}_1=\begin{pmatrix}\mathrm{e}^{-\mathrm{j}60^\circ}\\1\end{pmatrix}$。

特征值 $p_2=\mathrm{e}^{-\mathrm{j}120^\circ}$ 对应的特征向量 $\boldsymbol{T}_2=\begin{pmatrix}T_{21}\\T_{22}\end{pmatrix}$ 由方程 $(\boldsymbol{A}-p_2\boldsymbol{E})\boldsymbol{T}_2=0$ 确定为 $\boldsymbol{T}_2=\begin{pmatrix}\mathrm{e}^{\mathrm{j}60^\circ}\\1\end{pmatrix}$。

对应的基础解组为 $\boldsymbol{X}_1(t)=\mathrm{e}^{p_1t}\boldsymbol{T}_1=\mathrm{e}^{(-\frac{1}{2}+\mathrm{j}\frac{\sqrt{3}}{2})t}\begin{pmatrix}\mathrm{e}^{-60^\circ\mathrm{j}}\\1\end{pmatrix}$，$\boldsymbol{X}_2(t)=\mathrm{e}^{p_2t}\boldsymbol{T}_2=\mathrm{e}^{(-\frac{1}{2}+\mathrm{j}\frac{\sqrt{3}}{2})t}\begin{pmatrix}\mathrm{e}^{\mathrm{j}60^\circ}\\1\end{pmatrix}$。从上述讨论可以看出，特征根为共轭复根，对应的特征向量也是共轭复向量。

(3) 齐次微分方程组的完全解。

$$\boldsymbol{X}(t)=M_1\boldsymbol{X}_1(t)+M_2\boldsymbol{X}_2(t)=M_1\mathrm{e}^{(-\frac{1}{2}+\mathrm{j}\frac{\sqrt{3}}{2})t}\begin{pmatrix}\mathrm{e}^{-\mathrm{j}60^\circ}\\1\end{pmatrix}+M_2\mathrm{e}^{(-\frac{1}{2}+\mathrm{j}\frac{\sqrt{3}}{2})t}\begin{pmatrix}\mathrm{e}^{\mathrm{j}60^\circ}\\1\end{pmatrix}$$

其中，M_1、M_2 为积分常数，由初始值确定。

本例题中的完全解是一个复函数，为了得到实函数解，需要下面的定理。

定理 4-6 如果实系数线性方程组 $\frac{\mathrm{d}}{\mathrm{d}t}\boldsymbol{X}=\boldsymbol{A}\boldsymbol{X}$ 有复值解 $\boldsymbol{X}(t)=\boldsymbol{U}(t)+\mathrm{j}\boldsymbol{V}(t)$，其中 $\boldsymbol{U}(t)$、$\boldsymbol{V}(t)$ 都是实向量函数，则其实部 $\boldsymbol{U}(t)$ 和虚部 $\boldsymbol{V}(t)$ 都是该齐次方程组的解。

对例 4-2 的完全解进行等效变换，得

$$\boldsymbol{X}(t)=M_1\mathrm{e}^{(-\frac{1}{2}+\mathrm{j}\frac{\sqrt{3}}{2})t}\begin{pmatrix}\mathrm{e}^{-\mathrm{j}60^\circ}\\1\end{pmatrix}+M_2\mathrm{e}^{(-\frac{1}{2}-\mathrm{j}\frac{\sqrt{3}}{2})t}\begin{pmatrix}\mathrm{e}^{\mathrm{j}60^\circ}\\1\end{pmatrix}$$

$$
\begin{aligned}
&= \mathrm{e}^{-\frac{1}{2}t}\left[M_1\begin{pmatrix}\mathrm{e}^{\mathrm{j}(\frac{\sqrt{3}}{2}t-60^\circ)}\\ \mathrm{e}^{\mathrm{j}\frac{\sqrt{3}}{2}t}\end{pmatrix}+M_2\begin{pmatrix}\mathrm{e}^{\mathrm{j}(-\frac{\sqrt{3}}{2}t+60^\circ)}\\ \mathrm{e}^{-\mathrm{j}\frac{\sqrt{3}}{2}t}\end{pmatrix}\right]\\
&= \mathrm{e}^{-\frac{1}{2}t}\left[(M_1+M_2)\begin{pmatrix}\cos(\frac{\sqrt{3}}{2}t-60^\circ)\\ \cos\frac{\sqrt{3}}{2}t\end{pmatrix}+\mathrm{j}(M_1-M_2)\begin{pmatrix}\sin(\frac{\sqrt{3}}{2}t-60^\circ)\\ \sin\frac{\sqrt{3}}{2}t\end{pmatrix}\right]\\
&= U(t)+\mathrm{j}V(t)
\end{aligned}
$$

其中

$$
\begin{cases}
U(t)=(M_1+M_2)\mathrm{e}^{-\frac{1}{2}t}\begin{pmatrix}\cos(\frac{\sqrt{3}}{2}t-60^\circ)\\ \cos\frac{\sqrt{3}}{2}t\end{pmatrix}=\mathrm{e}^{-\frac{1}{2}t}\begin{pmatrix}M_{11}\cos\frac{\sqrt{3}}{2}t+M_{12}\sin\frac{\sqrt{3}}{2}t\\ M_{21}\cos\frac{\sqrt{3}}{2}t+M_{22}\sin\frac{\sqrt{3}}{2}t\end{pmatrix}\\
V(t)=(M_1-M_2)\mathrm{e}^{-\frac{1}{2}t}\begin{pmatrix}\sin(\frac{\sqrt{3}}{2}t-60^\circ)\\ \sin\frac{\sqrt{3}}{2}t\end{pmatrix}=\mathrm{e}^{-\frac{1}{2}t}\begin{pmatrix}M_{31}\cos\frac{\sqrt{3}}{2}t+M_{32}\sin\frac{\sqrt{3}}{2}t\\ M_{41}\cos\frac{\sqrt{3}}{2}t+M_{42}\sin\frac{\sqrt{3}}{2}t\end{pmatrix}
\end{cases}
$$

分别都是微分方程 $\frac{\mathrm{d}}{\mathrm{d}t}\boldsymbol{X}=\boldsymbol{A}\boldsymbol{X}$ 的实值解，其中 M_{ij} 为实数，是新的积分常数，$i=1,\ 2,\ 3,\ 4;\ j=1,\ 2$。也就是说，完全解 $\boldsymbol{X}(t)$ 可以表示为

$$
\begin{aligned}
\boldsymbol{X}(t)=\boldsymbol{U}(t)&=\mathrm{e}^{-\frac{1}{2}t}\begin{pmatrix}M_{11}\cos\frac{\sqrt{3}}{2}t+M_{12}\sin\frac{\sqrt{3}}{2}t\\ M_{21}\cos\frac{\sqrt{3}}{2}t+M_{22}\sin\frac{\sqrt{3}}{2}t\end{pmatrix}\\
&=\mathrm{e}^{-\frac{1}{2}t}\cos\frac{\sqrt{3}}{2}t\begin{pmatrix}M_{11}\\ M_{21}\end{pmatrix}+\mathrm{e}^{-\frac{1}{2}t}\sin\frac{\sqrt{3}}{2}t\begin{pmatrix}M_{12}\\ M_{22}\end{pmatrix}
\end{aligned}
$$

或者表示为

$$
\begin{aligned}
\boldsymbol{X}(t)=\boldsymbol{V}(t)&=\mathrm{e}^{-\frac{1}{2}t}\begin{pmatrix}M_{31}\cos\frac{\sqrt{3}}{2}t+M_{32}\sin\frac{\sqrt{3}}{2}t\\ M_{41}\cos\frac{\sqrt{3}}{2}t+M_{42}\sin\frac{\sqrt{3}}{2}t\end{pmatrix}\\
&=\mathrm{e}^{-\frac{1}{2}t}\cos\frac{\sqrt{3}}{2}t\begin{pmatrix}M_{31}\\ M_{41}\end{pmatrix}+\mathrm{e}^{-\frac{1}{2}t}\sin\frac{\sqrt{3}}{2}t\begin{pmatrix}M_{32}\\ M_{42}\end{pmatrix}
\end{aligned}
$$

另一方面，应用欧拉公式也可以将复值基础解组变换为实值基础解组。可以证明，若 $\boldsymbol{X}_1=\mathrm{e}^{p_1t}\boldsymbol{T}_1$，$\boldsymbol{X}_2=\mathrm{e}^{p_2t}\boldsymbol{T}_2$ 为复值基础解组，即 p_1、p_2 共轭，$\boldsymbol{T}_1$、$\boldsymbol{T}_2$ 共轭，则 $\frac{1}{2}(\boldsymbol{X}_1+\boldsymbol{X}_2)$，$\frac{1}{2\mathrm{j}}(\boldsymbol{X}_1-\boldsymbol{X}_2)$ 线性无关，可构成基础解组。

至此，我们已经基本解决了一阶常系数线性齐次微分方程组完全解的表示或结构问

题。因为齐次微分方程组的基础解组取决于系数矩阵的特征值，而特征值在未知数为n个时等于一元n次多项式的根。根据第1章所给的定理，多项式的根分为一次因式的根和二次因式的根，对于一次因式，即特征值只可能为零或非零实数，假设为p_1，则对应的基础解为$e^{p_1 t}$；对于二次因式的根，可由等效的一元二次方程$p^2+2\alpha p+\omega_0^2=0$确定为$p_{1,2}=-\alpha\pm\sqrt{\alpha^2-\omega_0^2}$。

当$\alpha>\omega_0$时，对应的基础解组为$e^{(-\alpha+\sqrt{\alpha^2-\omega_0^2})t}$和$e^{(-\alpha-\sqrt{\alpha^2-\omega_0^2})t}$；

当$\alpha<\omega_0$时，对应的基础解组为$e^{-\alpha t}\cos\omega t$和$e^{-\alpha t}\sin\omega t$，其中$\omega=\sqrt{\omega_0^2-\alpha^2}$；

当$\alpha=0$时，对应的基础解组为$\cos\omega_0 t$和$\sin\omega_0 t$；

当$\alpha=\omega_0$，$p_1=p_2=-\alpha$为二重根(或更高次重根)时，这需要由约当尔标准块理论确定对应的基础解组，这里仅给出结果，有兴趣的读者可参考相关书籍。

对于实数二重根$p_1=p_2=-\alpha$或三重根$p_1=p_2=p_3=-\alpha$，基础解组为$e^{-\alpha t}$、$te^{-\alpha t}$或$e^{-\alpha t}$、$te^{-\alpha t}$、$t^2e^{-\alpha t}$，以此类推。

对于复数二重根$p_{1,2}=-\alpha+j\omega$，$p_{3,4}=-\alpha-j\omega$或复数三重根$p_{1,2,3}=-\alpha+j\omega$，$p_{4,5,6}=-\alpha-j\omega$，其基础解组为$e^{-\alpha t}\cos\omega t$、$te^{-\alpha t}\cos\omega t$、$e^{-\alpha t}\sin\omega t$、$te^{-\alpha t}\sin\omega t$或$e^{-\alpha t}\cos\omega t$、$te^{-\alpha t}\cos\omega t$、$t^2e^{-\alpha t}\cos\omega t$、$e^{-\alpha t}\sin\omega t$、$te^{-\alpha t}\sin\omega t$、$t^2e^{-\alpha t}\sin\omega t$，以此类推。

对于虚数二重根$p_{1,2}=j\omega, p_{3,4}=-j\omega$或虚数三重根$p_{1,2,3}=j\omega$，$p_{4,5,6}=-j\omega$，其基础解组为$\cos\omega t$、$t\cos\omega t$、$\sin\omega t$、$t\sin\omega t$或$\cos\omega t$、$t\cos\omega t$、$t^2\cos\omega t$、$\sin\omega t$、$t\sin\omega t$、$t^2\sin\omega t$，以此类推。

另外，对于二重实根，对应的两个特征向量$\boldsymbol{T}_1$、$\boldsymbol{T}_2$可由方程组$\begin{cases}(\boldsymbol{A}-p_1\boldsymbol{E})\boldsymbol{T}_1=\boldsymbol{T}_2\\(\boldsymbol{A}-p_1\boldsymbol{E})\boldsymbol{T}_2=\boldsymbol{0}\end{cases}$确定。

例4-3 某电路中两个电容电压$u_{C1}(t)$, $u_{C2}(t)$由状态方程$\frac{d}{dt}\begin{pmatrix}u_{C1}\\u_{C2}\end{pmatrix}=\begin{pmatrix}-1 & A_u-1\\-1 & A_u-2\end{pmatrix}\begin{pmatrix}u_{C1}\\u_{C2}\end{pmatrix}$决定，其中$A_u$是可以调整的电压放大倍数，试求出完全解$u_{C1}(t)$，$u_{C2}(t)$。

解 (1)特征值与基础解组。

由特征方程$\begin{vmatrix}-1-p & A_u-1\\-1 & A_u-2-p\end{vmatrix}=0$，得特征根$p_{1,2}=\frac{(3-A_u)\pm\sqrt{(3-A_u)^2-4}}{2}$。

这里仅讨论$A_u\leqslant 3$的情况。根据电路系统稳定性的要求，p_1，p_2应位于复平面的左半开平面，故$A_u<3$。

①当$A_u=3$时，特征根$p_1=j$，$p_2=-j$为共轭虚数，基础解组为$\cos t$、$\sin t$，电路系统处于临界稳定状态。

②当$1<A_u<3$时，特征根$p_1=-\alpha+j\omega$，$p_2=-\alpha-j\omega$为共轭复数，其中$\alpha=\frac{(3-A_u)}{2}$，$\omega=\frac{\sqrt{4-(3-A_u)^2}}{2}$，基础解组为$e^{-\alpha t}\cos\omega t$、$e^{-\alpha t}\sin\omega t$，电路上称欠阻尼状态；

③当$A_u=1$时，特征根$p_1=p_2=-2$为实数二重根，基础解组为e^{-2t}、te^{-2t}，电路上称临界阻尼状态；

④当 $A_u<1$ 时，特征根 $p_1=-\alpha+\sqrt{\alpha^2-1}$，$p_2=-\alpha-\sqrt{\alpha^2-1}$ 为实数非重根，其中 $\alpha=\dfrac{(3-A_u)}{2}$，基础解组为 $e^{(-\alpha+\sqrt{\alpha^2-1})t}$、$e^{(-\alpha-\sqrt{\alpha^2-1})t}$，电路上称过阻尼状态。

(2)特征向量与完全解。

①当 $A_u=3$ 时，特征根 $p_1=j$ 对应的特征向量 $\boldsymbol{T}_1=\begin{pmatrix}T_{11}\\T_{12}\end{pmatrix}$ 由方程 $\begin{pmatrix}-1-j & A_u-1\\-1 & A_u-2-j\end{pmatrix}\begin{pmatrix}T_{11}\\T_{12}\end{pmatrix}=0$ 确定为 $\boldsymbol{T}_1=\begin{pmatrix}T_{11}\\T_{12}\end{pmatrix}=\begin{pmatrix}\sqrt{2}e^{-j45^\circ}\\1\end{pmatrix}$；特征根 $p_2=-j$ 对应的特征向量 $\boldsymbol{T}_2=\begin{pmatrix}T_{21}\\T_{22}\end{pmatrix}$ 与 $\boldsymbol{T}_1=\begin{pmatrix}\sqrt{2}e^{-j45^\circ}\\1\end{pmatrix}$ 为共轭向量，故 $\boldsymbol{T}_2=\begin{pmatrix}\sqrt{2}e^{j45^\circ}\\1\end{pmatrix}$。由此可求出实数向量 $\boldsymbol{T}_{R1}=\dfrac{1}{2}(\boldsymbol{T}_1+\boldsymbol{T}_2)=\begin{pmatrix}2\\2\end{pmatrix}$ 和 $\boldsymbol{T}_{R2}=\dfrac{1}{2j}(\boldsymbol{T}_1-\boldsymbol{T}_2)=\begin{pmatrix}-1\\0\end{pmatrix}$，所以完全解为

$$\begin{pmatrix}u_{C1}(t)\\u_{C2}(t)\end{pmatrix}=M_1\cos\omega t\begin{pmatrix}2\\2\end{pmatrix}+M_2\sin\omega t\begin{pmatrix}-1\\0\end{pmatrix}$$

其中，M_1、M_2 为积分常数。

② 当 $1<A_u<3$ 时，特征根 $p_1=-\alpha+j\omega$ 对应的特征向量 $\boldsymbol{T}_1=\begin{pmatrix}T_{11}\\T_{12}\end{pmatrix}$ 由方程 $\begin{pmatrix}-1-(\alpha+j\omega) & A_u-1\\-1 & A_u-2-(\alpha+j\omega)\end{pmatrix}\begin{pmatrix}T_{11}\\T_{12}\end{pmatrix}=0$ 确定为

$$\boldsymbol{T}_1=\begin{pmatrix}\dfrac{2(\alpha+1)}{\sqrt{(\alpha+1)^2+\omega^2}}e^{-j\mathrm{arctg}\frac{\omega}{1+\alpha}}\\1\end{pmatrix}$$

$p_2=-\alpha-j\omega$ 对应的特征向量 $\boldsymbol{T}_2=\begin{pmatrix}T_{21}\\T_{22}\end{pmatrix}$ 是 $\boldsymbol{T}_1=\begin{pmatrix}T_{11}\\T_{12}\end{pmatrix}$ 的共轭向量，即

$$\boldsymbol{T}_2=\begin{pmatrix}\dfrac{2(\alpha+1)}{\sqrt{(\alpha+1)^2+\omega^2}}e^{j\mathrm{arctg}\frac{\omega}{1+\alpha}}\\1\end{pmatrix}$$

T_1、T_2 对应的实向量为

$$\boldsymbol{T}_{R1}=\frac{1}{2}(\boldsymbol{T}_1+\boldsymbol{T}_2)=\begin{pmatrix}\dfrac{(\alpha+1)^2}{\sqrt{(\alpha+1)^2+\omega^2}}\\1\end{pmatrix},\quad \boldsymbol{T}_{R2}=\frac{1}{2j}(\boldsymbol{T}_1-\boldsymbol{T}_2)=\begin{pmatrix}\dfrac{-\omega^2}{\sqrt{(\alpha+1)^2+\omega^2}}\\0\end{pmatrix}$$

所以完全解为

$$\begin{pmatrix}u_{C1}(t)\\u_{C2}(t)\end{pmatrix}=M_1e^{-\alpha t}\cos\omega t\begin{pmatrix}\dfrac{(\alpha+1)^2}{\sqrt{(\alpha+1)^2+\omega^2}}\\1\end{pmatrix}+M_2e^{-\alpha t}\sin\omega t\begin{pmatrix}\dfrac{-\omega^2}{\sqrt{(\alpha+1)^2+\omega^2}}\\0\end{pmatrix}$$

其中，M_1、M_2 为积分常数。

③当 $A_u=1$ 时，特征根 $p_1=p_2=-2$ 为实数二重根，根据约当尔标准块理论，若设完全解为 $\begin{pmatrix}u_{C1}(t)\\u_{C2}(t)\end{pmatrix}=M_1\mathrm{e}^{p_1t}\boldsymbol{T}_1+M_2t\mathrm{e}^{p_1t}\boldsymbol{T}_2$，则对应的特征向量由方程组 $\begin{cases}(\boldsymbol{A}-p_1\boldsymbol{E})\boldsymbol{T}_1=\boldsymbol{T}_2\\(\boldsymbol{A}-p_1\boldsymbol{E})\boldsymbol{T}_2=\boldsymbol{0}\end{cases}$ 确定。代入系数矩阵 $\boldsymbol{A}=\begin{pmatrix}-1 & A_u-1\\-1 & A_u-2\end{pmatrix}$ 后求得 $\boldsymbol{T}_2=\begin{pmatrix}T_{21}\\T_{22}\end{pmatrix}=\begin{pmatrix}1\\2\end{pmatrix}$，$\boldsymbol{T}_1=\begin{pmatrix}T_{11}\\T_{12}\end{pmatrix}=\begin{pmatrix}1\\3\end{pmatrix}$，所以完全解为 $\begin{pmatrix}u_{C1}(t)\\u_{C2}(t)\end{pmatrix}=M_1\mathrm{e}^{-2t}\begin{pmatrix}1\\3\end{pmatrix}+M_2t\mathrm{e}^{-2t}\begin{pmatrix}1\\2\end{pmatrix}$，其中，$M_1$、$M_2$ 为积分常数；

④当 $A_u<1$ 时，特征根 $p_1=-\alpha+\sqrt{\alpha^2-1}$，$p_2=-\alpha-\sqrt{\alpha^2-1}$ 对应的特征向量可以求出为

$$\boldsymbol{T}_1=\begin{pmatrix}T_{11}\\T_{12}\end{pmatrix}=\begin{pmatrix}1\\\dfrac{2(\alpha-1)}{1-\alpha+\sqrt{\alpha^2-1}}\end{pmatrix}$$

$$\boldsymbol{T}_2=\begin{pmatrix}T_{21}\\T_{22}\end{pmatrix}=\begin{pmatrix}1\\\dfrac{2(\alpha+1)}{1-\alpha-\sqrt{\alpha^2-1}}\end{pmatrix}$$

这时完全解为

$$\begin{pmatrix}u_{C1}(t)\\u_{C2}(t)\end{pmatrix}=M_1\mathrm{e}^{(-\alpha+\sqrt{\alpha^2-1})t}\begin{pmatrix}1\\\dfrac{2(\alpha-1)}{1-\alpha+\sqrt{\alpha^2-1}}\end{pmatrix}+M_2\mathrm{e}^{(-\alpha-\sqrt{\alpha^2-1})t}\begin{pmatrix}1\\\dfrac{2(\alpha+1)}{1-\alpha-\sqrt{\alpha^2-1}}\end{pmatrix}$$

其中，M_1、M_2 为积分常数。

4.2.3 常系数线性齐次微分方程

常系数线性微分方程在电路分析中又称为输出方程，是指电路在激励 $f(t)$ 作用下，输出电压或者输出电流 $y(t)$ 受到的约束方程，它由基尔霍夫电流定律KCL、基尔霍夫电压定律KVL和线性元件的电压电流关系VCR或伏安关系VAR所决定。例如式(4-1)给出的方程组可以得到式(4-2)的电容电压满足的微分方程，其中的电容电压 $u_C(t)$ 对应输出为 $y(t)$，电源或者信号源 $u_s(t)$ 对应激励 $f(t)$。

一般地，可将含有 n 个动态元件的电路在激励 $f(t)$ 的作用下产生的输出 $y(t)$ 满足的方程写为

$$a_n\frac{\mathrm{d}^n y}{\mathrm{d}t^n}+a_{n-1}\frac{\mathrm{d}^{n-1}y}{\mathrm{d}t^{n-1}}+\cdots+a_0y=b_m\frac{\mathrm{d}^m f}{\mathrm{d}t^m}+b_{m-1}\frac{\mathrm{d}^{m-1}f}{\mathrm{d}t^{m-1}}+\cdots+b_0f \tag{4-6}$$

其中，a_n，a_{n-1}，$\cdots a_0$，b_m，b_{m-1}，$\cdots$，b_0 是由电路参数和结构确定的实常数且 $m\leqslant n$。数学上称式(4-6)为常系数线性微分方程或称常系数线性非齐次微分方程，电路分析中称该式为在激励 $f(t)$ 作用下负载电压或者负载电流 $y(t)$ 满足的输出方程。在只有一个激励 $f(t)$ 的情况下，式(4-6)可由KCL、KVL和VCR所列方程导出。当 $f(t)=0$ 时，所得方程

$$a_n\frac{\mathrm{d}^n y}{\mathrm{d}t^n}+a_{n-1}\frac{\mathrm{d}^{n-1}y}{\mathrm{d}t^{n-1}}+\cdots+a_0y=0 \tag{4-7}$$

称为式(4-6)对应的常系数线性齐次微分方程或电路输出方程对应的齐次微分方程。

容易验证，状态方程对应的齐次微分方程 $\frac{\mathrm{d}}{\mathrm{d}t}\boldsymbol{X}=\boldsymbol{AX}$ 的特征方程与输出方程对应的齐次微分方程 $a_n\frac{\mathrm{d}^n y}{\mathrm{d}t^n}+a_{n-1}\frac{\mathrm{d}^{n-1}y}{\mathrm{d}t^{n-1}}+\cdots+a_0 y=0$ 的特征方程相同。这表明二者的特征值相同，基础解组也相同，即式(4-7)的特征方程 $a_n p^n+a_{n-1}p^{n-1}+\cdots+a_0=0$ 的特征值若为 p_1，p_2，…，p_n 且各不相同，则其基础解组为 $\mathrm{e}^{p_1 t}$，$\mathrm{e}^{p_2 t}$，…，$\mathrm{e}^{p_n t}$。在第 2 章中，我们已经证明了函数组 $\mathrm{e}^{p_1 t}$，$\mathrm{e}^{p_2 t}$，…，$\mathrm{e}^{p_n t}$ 线性无关，所以可构成基础解组。

对于例 4-3 的齐次微分方程 $\frac{\mathrm{d}}{\mathrm{d}t}\begin{pmatrix}u_{C1}\\u_{C2}\end{pmatrix}=\begin{pmatrix}-1 & A_u-1\\-1 & A_u-2\end{pmatrix}\begin{pmatrix}u_{C1}\\u_{C2}\end{pmatrix}$，经过整理可得电容电压 u_{C1}、u_{C2} 各自满足的方程为

$$
\begin{aligned}
&\frac{\mathrm{d}^2 u_{C1}}{\mathrm{d}t^2}+(3-A_u)\frac{\mathrm{d}u_{C1}}{\mathrm{d}t}+u_{C1}=0\\
&\frac{\mathrm{d}^2 u_{C2}}{\mathrm{d}t^2}+(3-A_u)\frac{\mathrm{d}u_{C2}}{\mathrm{d}t}+u_{C2}=0
\end{aligned}
\tag{4-8}
$$

其特征方程 $p^2+(3-A_u)p+1=0$ 的特征值为 $p_{1,2}=\frac{(3-A_u)\pm\sqrt{(3-A_u)^2-4}}{2}$，其相应的基础解组 $\mathrm{e}^{p_1 t}$、$\mathrm{e}^{p_2 t}$ 根据电压放大倍数 A_u 的取值不同而不同。可以参照例 4-3 的结果直接得出。

一般地，特征方程为 $a_n p^n+a_{n-1}p^{n-1}+\cdots+a_0=0$ 的特征值由一次因式和二次因式的根组成。一次因式 $p+\beta=0$ 的根为实数，即 $p_1=-\beta$，对应的基础解组为 $\mathrm{e}^{-\beta t}$；二次因式 $p^2+2\alpha p+\omega_0^2=0$ 的根若设为 p_2、p_3，可表示为 $p_{2,3}=-\alpha\pm\sqrt{\alpha^2-\omega_0^2}$，基础解组分为四种情况。

(1) 特征根 $p_2=-\alpha+\sqrt{\alpha^2-\omega_0^2}$，$p_3=-\alpha-\sqrt{\alpha^2-\omega_0^2}$ 为实数非重根($\alpha>\omega_0$)，基础解组为 $\mathrm{e}^{(-\alpha+\sqrt{\alpha^2-\omega_0^2})t}$，$\mathrm{e}^{(-\alpha-\sqrt{\alpha^2-\omega_0^2})t}$。

(2) 特征根 $p_2=-\alpha+\mathrm{j}\sqrt{\omega_0^2-\alpha^2}$，$p_3=-\alpha-\mathrm{j}\sqrt{\omega_0^2-\alpha^2}$ 为复数共轭根($\alpha<\omega_0$)，基础解组为 $\mathrm{e}^{-\alpha t}\cos\sqrt{\omega_0^2-\alpha^2}t$，$\mathrm{e}^{-\alpha t}\sin\sqrt{\omega_0^2-\alpha^2}t$。

(3) 特征根 $p_2=\mathrm{j}\omega_0$，$p_3=-\mathrm{j}\omega_0$ 为虚数共轭根($\alpha=0$)，基础解组为 $\cos\omega_0 t$，$\sin\omega_0 t$。

(4) 特征根 $p_{2,3}=-\alpha$ 为实数二重根($\alpha=\omega_0$)，基础解组为 $\mathrm{e}^{-\alpha t}$，$t\mathrm{e}^{-\alpha t}$。对于一次因式和二次因式有重根的情况可以参照 4.2.2 节的结果得出，这里不再赘述。

例 4-4　某电路齐次微分方程为 $\frac{\mathrm{d}^4 u}{\mathrm{d}t^4}+3\frac{\mathrm{d}^3 u}{\mathrm{d}t^3}+4\frac{\mathrm{d}^2 u}{\mathrm{d}t^2}+3\frac{\mathrm{d}u}{\mathrm{d}t}+u=0$，求出其完全解 $u(t)$。

解　特征方程为 $p^4+3p^3+4p^2+3p+1=0$，分解成一次因式和二次因式后得

$$(p+1)^2(p^2+p+1)=0$$

(1) $p_{1,2}=-1$ 为二重根，基础解组为 e^{-t}，$t\mathrm{e}^{-t}$。

(2) $p_{3,4}=-\frac{1}{2}+\mathrm{j}\frac{\sqrt{3}}{2}$，$p_{3,4}^{*}=-\frac{1}{2}-\mathrm{j}\frac{\sqrt{3}}{2}$ 为复数共轭根，基础解组为 $\mathrm{e}^{-\frac{1}{2}t}\cos\frac{\sqrt{3}}{2}t$，

$e^{-\frac{1}{2}t}\sin\frac{\sqrt{3}}{2}t$。所以齐次微分方程的完全解为

$$u(t)=N_1e^{-t}+N_2te^{-t}+N_3e^{-\frac{1}{2}t}\cos\frac{\sqrt{3}}{2}t+N_4e^{-\frac{1}{2}t}\sin\frac{\sqrt{3}}{2}t$$

其中，N_1，N_2，N_3，N_4 为积分常数。

由此可以看到，由方程(4-8)得到的基础解组与例 4-3 得到的基础解组是一致的，其线性组合得到的完全解仅仅在积分常数的表现形式上有所差别，但由初始条件确定后的结果是相同的。

4.3 常系数线性非齐次微分方程

在第 2 章中我们讨论了微分方程(1-4)或(4-6)解的存在性和唯一性。根据第 3 章线性非齐次方程解的结构理论，非齐次方程的完全解等于对应齐次方程的完全解加一个非齐次方程的解构成。同样，对于线性非齐次微分方程有下述定理。

定理 4-7 n 阶常系数线性非齐次方程(4-6)的完全解或通解等于它的对应齐次方程的完全解或通解与它本身的一个特解之和。

前面已经讨论得出了齐次微分方程完全解的结构，在电路分析中常见激励为直流和正弦交流，所以根据定理 2-5 非齐次微分方程的解是存在的。另外，由于电路的初始值一般可以通过 KCL、KVL、VCR 和换路定律求出，所以由此初始值确定的解是唯一的。换句话说，只要能求出非齐次微分方程的一个特解，加上齐次微分方程的完全解，便可由初始条件得出非齐次微分方程的唯一解。

4.3.1 待定系数法

待定系数法是根据激励的函数形式假设特解具有类似函数形式，然后代入非齐次微分方程，利用函数组的线性无关特性，找到非齐次微分方程一个特解的方法。对于线性电路中激励为直流和正弦交流信号的情形易于使用该法求出特解。

按照方程(4-6)，对于一阶电路，其微分方程为

$$\frac{dy}{dt}+a_0y=b_1\frac{df}{dt}+b_0f$$

若激励为直流，例如设 $f(t)=U_s$，则方程变为 $\frac{dy}{dt}+a_0y=b_0U_s$。对应齐次方程为 $\frac{dy}{dt}+a_0y=0$，齐次解为

$$y_h(t)=Me^{-a_0t}$$

其中，M 为积分常数。

设特解为 $y_p(t)=N$，N 为待定常数，与等效激励 $F(t)=b_0U_s$ 具有相同形式。将

$y_p(t)=N$ 代入非齐次方程 $\frac{\mathrm{d}y}{\mathrm{d}t}+a_0y=b_0U_s$，得 $y_p(t)=\frac{b_0U_s}{a_0}$。所以完全解为

$$y(t)=y_h(t)+y_p(t)=N\mathrm{e}^{-a_0t}+\frac{b_0U_s}{a_0}$$

设 t_0 为初始时刻，则当此时的 y_0 已知时，可由 $y_0=N\mathrm{e}^{-a_0t_0}+\frac{b_0U_s}{a_0}$ 唯一确定积分常数 $N=\mathrm{e}^{a_0t_0}(y_0-\frac{b_0U_s}{a_0})$。最后得唯一解：

$$y(t)=\mathrm{e}^{a_0t_0}(y_0-\frac{b_0U_s}{a_0})\mathrm{e}^{-a_0t}+\frac{b_0U_s}{a_0}。$$

可见，待定系数法易于求出激励为直流的情况下常系数线性非齐次微分方程的特解。

若激励为正弦交流信号，设 $f(t)=U_m\sin\omega t$，则方程变为 $\frac{\mathrm{d}y}{\mathrm{d}t}+a_0y=\omega b_1U_m\cos\omega t+b_0U_m\sin\omega t$。对应齐次方程为 $\frac{\mathrm{d}y}{\mathrm{d}t}+a_0y=0$，齐次解为

$$y_h(t)=M\mathrm{e}^{-a_0t}$$

其中，M 为积分常数。

设特解为 $y_p(t)=N_1\cos\omega t+N_2\sin\omega t$，$N_1$、$N_2$ 为待定常数，与等效激励 $F(t)=\omega b_1U_m\cos\omega t+b_0U_m\sin\omega t$ 具有相同形式。将 $y_p(t)$ 代入非齐次方程 $\frac{\mathrm{d}y}{\mathrm{d}t}+a_0y=\omega b_1U_m\cos\omega t+b_0U_m\sin\omega t$，得

$$-\omega N_1\sin\omega t+\omega N_2\cos\omega t+a_0(N_1\cos\omega t+N_2\sin\omega t)=\omega b_1U_m\cos\omega t+b_0U_m\sin\omega t$$

即

$$(\omega N_2+a_0N_1-\omega b_1U_m)\cos\omega t+(-\omega N_1+a_0N_2-b_0U_m)\sin\omega t=0$$

由于 $\cos\omega t$、$\sin\omega t$ 线性无关，因此得到方程组：

$$\begin{cases}\omega N_2+a_0N_1-\omega b_1U_m=0\\-\omega N_1+a_0N_2-b_0U_m=0\end{cases}$$

解得 $N_1=\frac{a_0U_m}{a_0^2+\omega^2}$，$N_2=-\frac{\omega U_m}{a_0^2+\omega^2}$。所以特解为

$$y_p(t)=\frac{a_0U_m}{a_0^2+\omega^2}\cos\omega t-\frac{\omega U_m}{a_0^2+\omega^2}\sin\omega t$$

最后得完全解为

$$\begin{aligned}y(t)&=y_h(t)+y_p(t)=N\mathrm{e}^{-a_0t}+N_1\cos\omega t+N_2\sin\omega t\\&=Ne^{-a_0t}+\frac{a_0U_m}{a_0^2+\omega^2}\cos\omega t-\frac{\omega U_m}{a_0^2+\omega^2}\sin\omega t\end{aligned}$$

若设 t_0 为初始时刻，则当此时的 y_0 已知时，可以确定积分常数：

$$N=\mathrm{e}^{a_0t_0}(y_0-\frac{a_0U_m}{a_0^2+\omega^2}\cos\omega t_0+\frac{\omega U_m}{a_0^2+\omega^2}\sin\omega t_0)$$

最后得唯一解：

$$y(t)=(y_0-\frac{a_0U_m}{a_0^2+\omega^2}\cos\omega t_0+\frac{\omega U_m}{a_0^2+\omega^2}\sin\omega t_0)\mathrm{e}^{-(a_0t-a_0t_0)}+\frac{a_0U_m}{a_0^2+\omega^2}\cos\omega t-\frac{\omega U_m}{a_0^2+\omega^2}\sin\omega t$$

显然，对于二阶、三阶及高阶微分方程，均可参照上述方法求出激励为直流或正弦交流情况下的特解。但正弦激励时，特解的求解显得复杂。

4.3.2 复数法

复数法是计算正弦激励电路微分方程特解较为便捷的方法。利用方程(4-6)可以定义以p为变量的函数$H(p)$，称为电路的系统函数或者网络函数，即

$$H(p)=\frac{b_mp^m+b_{m-1}p^{m-1}+\cdots+b_0}{a_np^n+a_{n-1}p^{n-1}+\cdots+a_0}$$

对于正弦激励$f(t)=F_m\sin(\omega t+\varphi_0)$，正弦量$y(t)$、$f(t)$可分别用相量$\dot{Y}$、$\dot{F}$表示，变量$p$用虚数$\mathrm{j}\omega$表示，则可得到方程(4-6)的复数表示式$\dot{Y}=H(\mathrm{j}\omega)\dot{F}$以及$H(p)$的复数表示式：

$$H(\mathrm{j}\omega)=\frac{b_m(\mathrm{j}\omega)^m+b_{m-1}(\mathrm{j}\omega)^{m-1}+\cdots+b_0}{a_n(\mathrm{j}\omega)^n+a_{n-1}(\mathrm{j}\omega)^{n-1}+\cdots+a_0} \tag{4-9}$$

电路中称为频率响应函数，简称频响函数，它是一个复数。虽然$\dot{Y}$、$\dot{F}$也是复数，但它们对应着有实际意义的正弦函数，所以称为相量以示区别。

频响函数$H(\mathrm{j}\omega)$可以表示为指数形式，即$H(\mathrm{j}\omega)=H(\omega)\mathrm{e}^{\mathrm{j}\varphi(\omega)}$，其中$H(\omega)$称为幅频特性，$\varphi(\omega)$称为相频特性。通过对式(4-9)进行等效计算，可以得出$H(\omega)$和$\varphi(\omega)$，从而可以得到特解$y(t)=F_mH(\omega)\sin(\omega t+\varphi_0+\varphi(\omega))$。

例 4-5 已知某电路的激励为电流$i_s(t)=I_m\sin(\omega t+\varphi_0)$，输出电压$u(t)$受微分方程$\frac{\mathrm{d}^2u}{\mathrm{d}t_2}+3\frac{\mathrm{d}u}{\mathrm{d}t}+2u=2\frac{\mathrm{d}^2i_s}{\mathrm{d}t^2}+2\frac{\mathrm{d}i_s}{\mathrm{d}t}$约束。设$t=0$时，$u(0)=0$，$u'(0)=0$，试求出该方程的解。

解 (1)齐次解$u_h(t)$。

由特征方程$p^2+3p+2=0$，得特征值 $p_1=-1$，$p_2=-2$，基础解组为e^{-t}，e^{-2t}。

所以齐次解为

$$u_h(t)=N_1\mathrm{e}^{-t}+N_2\mathrm{e}^{-2t}$$

其中，N_1，N_2为积分常数。

(2)特解$u_p(t)$。

由微分方程得频响函数：

$$H(\mathrm{j}\omega)=\frac{2(\mathrm{j}\omega)^2+2(\mathrm{j}\omega)}{(\mathrm{j}\omega)^2+3(\mathrm{j}\omega)+2}=\frac{2(\mathrm{j}\omega)[(\mathrm{j}\omega)+1]}{((\mathrm{j}\omega)+1)((\mathrm{j}\omega)+2)}$$

$$=\frac{2(\mathrm{j}\omega)}{((\mathrm{j}\omega)+2)}=\frac{2\omega\mathrm{e}^{\mathrm{j}90^\circ}}{\sqrt{\omega^2+4\mathrm{e}^{\mathrm{j}\arctan\frac{\omega}{2}}}}=\frac{2\omega}{\sqrt{\omega^2+4}}\mathrm{e}^{\mathrm{j}(90^\circ-\arctan\frac{\omega}{2})}$$

其中，幅频特性为$H(\omega)=\frac{2\omega}{\sqrt{\omega^2+4}}$，相频特性为$\varphi(\omega)=90^\circ-\arctan\frac{\omega}{2}$。

于是求得特解：

$$u_p(t)=I_mH(\omega)\sin(\omega t+\varphi_0+\varphi(\omega))=\frac{2\omega I_m}{\sqrt{\omega^2+4}}\sin(\omega t+\varphi_0+90^\circ-\arctan\frac{\omega}{2})$$

(3) 唯一解 $u(t)$。

完全解：

$$\begin{aligned}u(t)&=u_h(t)+u_p(t)\\&=N_1\mathrm{e}^{-t}+N_2\mathrm{e}^{-2t}+\frac{2\omega I_m}{\sqrt{\omega^2+4}}\sin(\omega t+\varphi_0+90^\circ-\arctan\frac{\omega}{2})\end{aligned}$$

代入初始条件 $u(0)=0$，$u'(0)=0$，求出积分常数为

$$N_1=-\frac{4\omega I_m}{\sqrt{\omega^2+4}}\sin(\varphi_0+90^\circ-\arctan\frac{\omega}{2})+\frac{2\omega I_m}{\sqrt{\omega^2+4}}\cos(\varphi_0+90^\circ-\arctan\frac{\omega}{2})$$

$$N_2=\frac{2\omega I_m}{\sqrt{\omega^2+4}}\sin(\varphi_0+90^\circ-\arctan\frac{\omega}{2})-\frac{2\omega I_m}{\sqrt{\omega^2+4}}\cos(\varphi_0+90^\circ-\arctan\frac{\omega}{2})$$

最后得出唯一解：

$$\begin{aligned}u(t)=&\left(-\frac{4\omega I_m}{\sqrt{\omega^2+4}}\sin(\varphi_0+90^\circ-\arctan\frac{\omega}{2})+\frac{2\omega I_m}{\sqrt{\omega^2+4}}\cos(\varphi_0+90^\circ-\arctan\frac{\omega}{2})\right)\mathrm{e}^{-t}\\&+\left(\frac{2\omega I_m}{\sqrt{\omega^2+4}}\sin(\varphi_0+90^\circ-\arctan\frac{\omega}{2})-\frac{2\omega I_m}{\sqrt{\omega^2+4}}\cos(\varphi_0+90^\circ-\arctan\frac{\omega}{2})\right)\mathrm{e}^{-2t}\\&+\frac{2\omega I_m}{\sqrt{\omega^2+4}}\sin(\omega t+\varphi_0+90^\circ-\arctan\frac{\omega}{2})\end{aligned}$$

从该例题的结果可以看出，随着时间的增加，齐次解部分衰减为零；剩余部分则随时间增加按正弦规律变化。事实上，电路系统稳定的条件是特征值位于复平面的左半开平面，这就使得齐次解必定衰减为零。而齐次解是由线性电路系统本身决定的，所以也称为电路的固有响应，又因其经过一定的时间衰减为零，故又称为暂态响应。对于特解则是由电路和激励共同决定，所以也称为强迫响应，又因其基本变化规律与激励类同，故又称为稳态响应。

应该指出，正弦激励的稳态响应或者特解可直接通过求解复数的线性代数方程组求出，并不一定要通过微分方程组来求出。

例 4-6　对处于正常发光状态的日光灯可以等效为电阻 R 与电感 L 串联后接至电压为 $u_s(t)=U_m\sin\omega t$ 的稳态正弦交流电路。求流过日光灯的电流 $i(t)$。

解　电阻 R 与电感 L 串联的等效复阻抗为 $Z=R+\mathrm{j}\omega L$，电压 $u_s(t)$ 等效为相量 $\dot{U}_s=U_m\mathrm{e}^{\mathrm{j}0^\circ}$，所以流过日光灯的电流相量为

$$\dot{I}=\frac{\dot{U}_s}{Z}=\frac{U_m\mathrm{e}^{\mathrm{j}0^\circ}}{R+\mathrm{j}\omega L}=\frac{U_m}{\sqrt{R^2+(\omega L)^2}}\mathrm{e}^{-\mathrm{j}\arctan(\omega L/R)}$$

电流相量对应的日光灯电流为

$$i(t)=\frac{U_m}{\sqrt{R^2+(\omega L)^2}}\sin(\omega t-\arctan(\omega L/R))$$

这就是 RL 电路中电流 $i(t)$ 满足微分方程 $L\frac{\mathrm{d}i}{\mathrm{d}t}+Ri=u_s$ 与 $u_s(t)$ 为正弦激励时的特解。

4.3.3 常数变易法

常数变易法对随时间变化的任意函数形式的激励都可以求出线性微分方程的特解，只要激励 $f(t)$ 在区间 $I=[a,\ b]$ 上连续。特别地，对于有多个激励的情形可以将状态方程的特解表示为规整形式。

对于只含一个等效激励 $f(t)$ 的一阶常系数线性非齐次微分方程 $\frac{\mathrm{d}y}{\mathrm{d}t}=ay+f(t)$，若齐次解为 $y_h(t)=M\mathrm{e}^{at}$，其中 M 为积分常数，则常数变易法是指将常数 M 变为随时间变化的函数 $M(t)$，并将齐次解 $y_h(t)=M\mathrm{e}^{at}$ 变为特解 $y_p(t)=M(t)\mathrm{e}^{at}$，然后代入非齐次方程 $\frac{\mathrm{d}y}{\mathrm{d}t}=ay+f(t)$ 求出 $M(t)$，即可求出特解 $y_p(t)$ 的方法。

将 $y_p(t)=M(t)\mathrm{e}^{at}$ 代入方程 $\frac{\mathrm{d}y}{\mathrm{d}t}=ay+f(t)$ 得

$$\frac{\mathrm{d}M}{\mathrm{d}t}\mathrm{e}^{at}+aM(t)\mathrm{e}^{at}=aM(t)\mathrm{e}^{at}+f(t)$$

即

$$\frac{\mathrm{d}M}{\mathrm{d}t}=\mathrm{e}^{-at}f(t)，\text{或}\ \mathrm{d}M=\mathrm{e}^{-at}f(t)\mathrm{d}t$$

或

$$M(t)=\int\mathrm{e}^{-at}f(t)\mathrm{d}t+N$$

令积分常数 N 等于零，便得到了一个解 $M(t)$，代入 $y_p(t)=M(t)\mathrm{e}^{at}$ 中可得到特解。

例如，设 $f(t)=U$，则得

$$M(t)=\int\mathrm{e}^{-at}f(t)\mathrm{d}t=\int\mathrm{e}^{-at}U\mathrm{d}t=-\frac{U}{a}\mathrm{e}^{-at}$$

特解 $y_p(t)=M(t)\mathrm{e}^{at}=-\frac{1}{a}$。

再如，$f(t)=U_m\sin\omega t$，则得

$$M(t)=\int\mathrm{e}^{-at}f(t)\mathrm{d}t=\int\mathrm{e}^{-at}U_m\sin\omega t\mathrm{d}t=-\frac{U_m\mathrm{e}^{-at}(a\sin\omega t+\omega\cos\omega t)}{a^2+\omega^2}$$

特解 $y_p(t)=M(t)\mathrm{e}^{at}=-\frac{U_m(a\sin\omega t+\omega\cos\omega t)}{a^2+\omega^2}$。

对于状态方程(4-4)，若已经求出齐次解向量 $\boldsymbol{X}_h(t)=\sum_{m=1}^{n}M_m\mathrm{e}^{p_m t}\boldsymbol{T}_m$，这里设特征值 p_m 各不相同，p_m 对应的特征向量为 $\boldsymbol{T}_m$，M_m 为积分常数，则可将特解设为

$$X_p(t)=\sum_{m=1}^{n}M_m(t)e^{p_m t}T_m$$

代入方程$\frac{d}{dt}X=AX+Bf$ 后得

$$\sum_{m=1}^{n}\frac{dM_m}{dt}e^{p_m t}T_m+\sum_{m=1}^{n}M_m(t)p_m e^{p_m t}T_m=A\sum_{m=1}^{n}M_m(t)e^{p_m t}T_m+Bf(t)$$

利用关系式$AT_m=p_mT_m$，得

$$\sum_{m=1}^{n}\frac{dM_m}{dt}e^{p_m t}T_m=Bf(t) \tag{4-10}$$

式(4-10)中，因为T_m和$Bf(t)$是n维列向量，所以式(4-10)是含n个未知量$\frac{dM_1}{dt}$，$\frac{dM_2}{dt}$，…，$\frac{dM_n}{dt}$的线性齐次函数方程组。又因特征值p_1，p_2，…，p_n各不相同，$e^{p_1t}T_1$，$e^{p_2t}T_2$，…，$e^{p_nt}T_n$线性无关，故式(4-10)有唯一解，即

$$\frac{dM_m}{dt}=\frac{D_m(t)}{D(t)},\quad m=1,\ 2,\ \cdots,\ n \tag{4-11}$$

其中，系数行列式$D(t)=\left|e^{p_1t}T_1,\ e^{p_2t}T_2,\ \cdots,\ e^{p_nt}T_n\right|$，分量行列式$D_m(t)$是由激励向量$Bf(t)$依次代替向量$e^{p_1t}T_1$，$e^{p_2t}T_2$，…，$e^{p_nt}T_n$后所得到的行列式。这样，便可由(4-11)式求出

$$M_m(t)=\int\frac{D_m(t)}{D(t)}dt,\quad m=1,\ 2,\ \cdots,n \tag{4-12}$$

从而得出特解

$$X_p(t)=\sum_{m=1}^{n}\int\frac{D_m(t)}{D(t)}dt\cdot e^{p_m t}T_m \tag{4-13}$$

这时，状态方程(4-4)的完全解表示为

$$X(t)=X_h(t)+X_p(t)=\sum_{m=1}^{n}e^{p_m t}T_m\left(M_m+\int\frac{D_m(t)}{D(t)}dt\right) \tag{4-14}$$

其中，积分常数M_1，M_2，…，M_n由初始值$X(t_0)$确定。

例 4-7 收音机的选台电路可用状态方程$\frac{d}{dt}\begin{pmatrix}u_C\\ i_L\end{pmatrix}=\begin{pmatrix}-10 & -1\\ 0 & 16\end{pmatrix}\begin{pmatrix}u_C\\ i_L\end{pmatrix}+\begin{pmatrix}0\\ u_s\end{pmatrix}$描述。已知信号电压为$u_s=U_m\sin 4t$。求出初始值$X_0=\begin{pmatrix}u_{C0}\\ i_{L0}\end{pmatrix}$已知情况下的唯一解向量$X(t)=\begin{pmatrix}u_C(t)\\ i_L(t)\end{pmatrix}$。

解 (1)齐次解$X_h(t)=\begin{pmatrix}u_{Ch}(t)\\ i_{Lh}(t)\end{pmatrix}$。

在例 4-1 中，我们求出特征值$p_1=-2$时对应的一个特征向量$T_1=\begin{pmatrix}T_{11}\\ T_{12}\end{pmatrix}=\begin{pmatrix}-8\\ 1\end{pmatrix}$和特征值$p_1=-8$时对应的一个特征向量$T_2=\begin{pmatrix}T_{21}\\ T_{22}\end{pmatrix}=\begin{pmatrix}-2\\ 1\end{pmatrix}$。因此齐次解为

$$\boldsymbol{X}_h(t)=\begin{pmatrix} u_{Ch}(t) \\ i_{Lh}(t) \end{pmatrix}=M_1\mathrm{e}^{-2t}\begin{pmatrix} -8 \\ 1 \end{pmatrix}+M_2\mathrm{e}^{-8t}\begin{pmatrix} -2 \\ 1 \end{pmatrix}$$

其中，M_1、M_2 为积分常数。

(2) 行列式 $D(t)$、$D_1(t)$、$D_2(t)$。

$$D(t)=\left|\mathrm{e}^{-2t}\boldsymbol{T}_1,\ \mathrm{e}^{-8t}\boldsymbol{T}_2\right|=\begin{vmatrix} -8\mathrm{e}^{-2t} & -2\mathrm{e}^{-8t} \\ \mathrm{e}^{-2t} & \mathrm{e}^{-8t} \end{vmatrix}=-6\mathrm{e}^{-10t}$$

$$D_1(t)=\left|\boldsymbol{B}f(t),\ \mathrm{e}^{-8t}\boldsymbol{T}_2\right|=\begin{vmatrix} 0 & -2\mathrm{e}^{-8t} \\ U_m\sin 4t & \mathrm{e}^{-8t} \end{vmatrix}=2U_m\mathrm{e}^{-8t}\sin 4t$$

$$D_2(t)=\left|\mathrm{e}^{-2t}\boldsymbol{T}_1,\ \boldsymbol{B}f(t)\right|=\begin{vmatrix} -8\mathrm{e}^{-2t} & 0 \\ \mathrm{e}^{-2t} & U_m\sin 4t \end{vmatrix}=-8U_m\mathrm{e}^{-2t}\sin 4t$$

(3) 特解 $\boldsymbol{X}_p(t)=\begin{pmatrix} u_{Cp}(t) \\ i_{Lp}(t) \end{pmatrix}$。

中间变量：

$$M_1(t)=\int\frac{D_1(t)}{D(t)}\mathrm{d}t=-\frac{U_m\mathrm{e}^{2t}}{3}\cdot\frac{\sin 4t-2\cos 4t}{10}$$

$$M_2(t)=\int\frac{D_2(t)}{D(t)}\mathrm{d}t=\frac{U_m\mathrm{e}^{8t}}{3}\cdot\frac{4\sin 4t-2\cos 4t}{10}$$

特解：

$$\begin{aligned}\boldsymbol{X}_p(t)&=\begin{pmatrix} u_{Cp}(t) \\ i_{Lp}(t) \end{pmatrix}=\sum_{m=1}^{2}\int\frac{D_m(t)}{D(t)}\mathrm{d}t\cdot\mathrm{e}^{p_m t}\boldsymbol{T}_m \\ &=-\frac{U_m}{3}\cdot\frac{\sin 4t-2\cos 4t}{10}\begin{pmatrix} -8 \\ 1 \end{pmatrix}+\frac{U_m}{3}\cdot\frac{4\sin 4t-2\cos 4t}{10}\begin{pmatrix} -2 \\ 1 \end{pmatrix} \\ &=\frac{U_m}{10}\begin{pmatrix} -4\cos 4t \\ \sin 4t \end{pmatrix}\end{aligned}$$

(4) 完全解 $\boldsymbol{X}(t)=\begin{pmatrix} u_C(t) \\ i_L(t) \end{pmatrix}$。

$$\boldsymbol{X}(t)=\boldsymbol{X}_h(t)+\boldsymbol{X}_p(t)=M_1\mathrm{e}^{-2t}\begin{pmatrix} -8 \\ 1 \end{pmatrix}+M_2\mathrm{e}^{-8t}\begin{pmatrix} -2 \\ 1 \end{pmatrix}+\frac{U_m}{10}\begin{pmatrix} -4\cos 4t \\ \sin 4t \end{pmatrix}$$

代入初始值 $\boldsymbol{X}_0=\begin{pmatrix} u_{C0} \\ i_{L0} \end{pmatrix}$，得

$$\begin{pmatrix} u_{C0} \\ i_{L0} \end{pmatrix}=M_1\begin{pmatrix} -8 \\ 1 \end{pmatrix}+M_2\begin{pmatrix} -2 \\ 1 \end{pmatrix}+\frac{U_m}{5}\begin{pmatrix} -2 \\ 0 \end{pmatrix}$$

解出

$$M_1=-\frac{1}{6}(u_{C0}+2i_{L0}+\frac{2}{5}U_m)$$

$$M_2=\frac{1}{6}(u_{C0}+8i_{L0}+\frac{2}{5}U_m)$$

最后得唯一解：

$$\begin{pmatrix} u_C(t) \\ i_L(t) \end{pmatrix} = -\frac{1}{6}(u_{C0} + 2i_{L0} + \frac{2}{5}U_m)\mathrm{e}^{-2t}\begin{pmatrix} -8 \\ 1 \end{pmatrix} + \frac{1}{6}(u_{C0} + 8i_{L0} + \frac{2}{5}U_m)\mathrm{e}^{-8t}\begin{pmatrix} -2 \\ 1 \end{pmatrix} + \frac{U_m}{10}\begin{pmatrix} -4\cos 4t \\ \sin 4t \end{pmatrix}$$

综上，常系数线性微分方程的求解过程可以分为三个步骤。首先是通过计算特征方程的根，求出基础解组及齐次微分方程的齐次解；然后根据激励的函数形式采用上述待定系数法、复数法或常数变易法求出非齐次微分方程的一个特解；最后由齐次解和特解构成的完全解代入已知初始条件求出积分常数和唯一解。

习题 4

(1) 计算下列矩阵的特征值和特征向量。

① $\boldsymbol{A}=\begin{pmatrix} 3 & 0 & 0 \\ 0 & 1 & 2 \\ 0 & 2 & 1 \end{pmatrix}$；② $\boldsymbol{A}=\begin{pmatrix} 2 & 0 & 0 \\ 0 & 2 & 3 \\ 0 & 3 & 2 \end{pmatrix}$；③ $\boldsymbol{A}=\begin{pmatrix} 0 & 16 \\ -1 & 0 \end{pmatrix}$；④ $\boldsymbol{A}=\begin{pmatrix} -1 & 1 \\ -1 & 0 \end{pmatrix}$。

(2) 判断下列矩阵 $\boldsymbol{A}$ 是否可相似对角化？若能，试求出相似变换矩阵的逆矩阵。

① $\boldsymbol{A}=\begin{pmatrix} 2 & 0 & 0 \\ 0 & 0 & 1 \\ 0 & 1 & 0 \end{pmatrix}$；② $\boldsymbol{A}=\begin{pmatrix} 1 & 0 & 0 \\ 0 & 2 & 1 \\ 0 & 0 & 2 \end{pmatrix}$；③ $\boldsymbol{A}=\begin{pmatrix} 1 & 4 \\ 2 & -1 \end{pmatrix}$；④ $\boldsymbol{A}=\begin{pmatrix} 1 & -1 \\ 1 & 3 \end{pmatrix}$。

(3) 求出下述齐次微分方程的完全解。

① $\frac{\mathrm{d}}{\mathrm{d}t}\boldsymbol{X}=\begin{pmatrix} 2 & -3 \\ -3 & 2 \end{pmatrix}\boldsymbol{X}$；② $\frac{\mathrm{d}}{\mathrm{d}t}\boldsymbol{X}=\begin{pmatrix} 1 & -1 \\ 2 & 4 \end{pmatrix}\boldsymbol{X}$；

③ $\frac{\mathrm{d}}{\mathrm{d}t}\boldsymbol{X}=\begin{pmatrix} 2 & 0 & 0 \\ 0 & 2 & 3 \\ 0 & 3 & 2 \end{pmatrix}\boldsymbol{X}$；④ $\frac{\mathrm{d}}{\mathrm{d}t}\boldsymbol{X}=\begin{pmatrix} 2 & 0 & 0 \\ 0 & 0 & 1 \\ 0 & 1 & 0 \end{pmatrix}\boldsymbol{X}$。

(4) 证明：若 $\boldsymbol{X}_1(t)=\mathrm{e}^{p_1 t}\boldsymbol{T}_1, \boldsymbol{X}_2(t)=\mathrm{e}^{p_2 t}\boldsymbol{T}_2$ 为复值基础解组，即 p_1、p_2 共轭，$\boldsymbol{T}_1$、$\boldsymbol{T}_2$ 共轭，则 $\frac{1}{2}(\boldsymbol{X}_1+\boldsymbol{X}_2), \frac{1}{2j}(\boldsymbol{X}_1-\boldsymbol{X}_2)$ 构成实值基础解组。

(5) 某电路中电流 $i_{C1}(t)$、$i_{C2}(t)$ 由状态方程 $\frac{\mathrm{d}}{\mathrm{d}t}\begin{pmatrix} i_{C1} \\ i_{C2} \end{pmatrix}=\begin{pmatrix} -1 & A_u-2 \\ -1 & A_u-1 \end{pmatrix}\begin{pmatrix} i_{C1} \\ i_{C2} \end{pmatrix}$ 决定，其中 A_u 是可以调整的电压放大倍数，试求出完全解 $i_{C1}(t)$、$i_{C2}(t)$。

(6) 证明：电路系统的状态方程 $\frac{\mathrm{d}}{\mathrm{d}t}\begin{pmatrix} u_{C1} \\ u_{C2} \end{pmatrix}=\begin{pmatrix} -1 & A_u-1 \\ -1 & A_u-2 \end{pmatrix}\begin{pmatrix} u_{C1} \\ u_{C2} \end{pmatrix}$ 的特征方程与其输出微分方程 $\frac{\mathrm{d}^2u_{C1}}{\mathrm{d}t^2}+(3-A_u)\frac{\mathrm{d}u_{C1}}{\mathrm{d}t}+u_{C1}=0$ 或 $\frac{\mathrm{d}^2u_{C2}}{\mathrm{d}t^2}+(3-A_u)\frac{\mathrm{d}u_{C2}}{\mathrm{d}t}+u_{C2}=0$ 的特征方程相同。

(7) 求下述齐次微分方程的完全解。

① $\frac{\mathrm{d}^2y}{\mathrm{d}t^2}+4\frac{\mathrm{d}y}{\mathrm{d}t}+y=0$；② $\frac{\mathrm{d}^2y}{\mathrm{d}t^2}-4\frac{\mathrm{d}y}{\mathrm{d}t}+y=0$；③ $\frac{\mathrm{d}^2y}{\mathrm{d}t^2}+3\frac{\mathrm{d}y}{\mathrm{d}t}+y=0$；

④$\frac{d^2y}{dt^2}-3\frac{dy}{dt}+y=0$；⑤$\frac{d^2y}{dt^2}+2\frac{dy}{dt}+y=0$；⑥$\frac{d^2y}{dt^2}+2\frac{dy}{dt}-y=0$；

⑦$\frac{d^2y}{dt^2}+\frac{dy}{dt}+y=0$；⑧$\frac{d^2y}{dt^2}+\frac{dy}{dt}-y=0$；⑨$\frac{d^2y}{dt^2}+\omega_0^2y=0$；

⑩$\frac{d^2y}{dt^2}-\omega_0^2y=0$。

(8) 例题 4-7 中的微分方程描述的是线性电路系统，判定其是否稳定。

(9) 求下述微分方程的完全解。

①$4\frac{dy}{dt}+y=6$；②$\frac{d^2y}{dt^2}+3\frac{dy}{dt}+y=10$；③$\frac{dy}{dt}+2y=10\sin t$；

④$\frac{d^2y}{dt^2}+3\frac{dy}{dt}+2y=t$；⑤$\frac{d^2y}{dt^2}+2\frac{dy}{dt}+y=e^t$；⑥$\frac{d^2y}{dt^2}+\frac{dy}{dt}+y=te^{-t}$；

⑦$\frac{d^2y}{dt^2}+\omega_0^2y=5$；⑧$\frac{d^2y}{dt^2}+\frac{dy}{dt}+y=e^{-2t}\sin 3t$；⑨$\frac{d^4y}{dt^4}+3\frac{d^3y}{dt^3}+4\frac{d^2y}{dt^2}+3\frac{dy}{dt}+y=\cos t$。

(10) 求下述微分方程满足初始条件的唯一解。

①$\begin{cases}\frac{dy}{dt}+3y=4\\ y(0)=0\end{cases}$；②$\begin{cases}\frac{dy}{dt}+3y=4\sin 2t\\ y(0)=0\end{cases}$；③$\begin{cases}\frac{dy}{dt}+2y=6\\ y(0)=2\end{cases}$；

④$\begin{cases}2\frac{dy}{dt}+y=\cos 2t\\ y(0)=3\end{cases}$；⑤$\begin{cases}\frac{d^2y}{dt^2}+2\frac{dy}{dt}+y=3\\ y(0)=1, y'(0)=2\end{cases}$；⑥$\begin{cases}\frac{d^2y}{dt^2}+\frac{dy}{dt}+y=te^{-t}\\ y(0)=3, y'(0)=3\end{cases}$；

⑦$\begin{cases}\frac{d^4y}{dt^4}+10\frac{d^3y}{dt^3}+35\frac{d^2y}{dt^2}+50\frac{dy}{dt}+24y=\cos t\\ y(0)=1, y'(0)=2, y''(0)=2, y'''(0)=1\end{cases}$。

(11) 求下述状态方程满足初始条件的唯一解。

①$\begin{cases}\frac{d}{dt}\boldsymbol{X}=\begin{pmatrix}2 & -3\\ -3 & 2\end{pmatrix}\boldsymbol{X}+\begin{pmatrix}0\\ 2\end{pmatrix}\\ \boldsymbol{X}(0)=\begin{pmatrix}x_1(0)\\ x_2(0)\end{pmatrix}=\begin{pmatrix}1\\ 3\end{pmatrix}\end{cases}$；②$\begin{cases}\frac{d}{dt}\boldsymbol{X}=\begin{pmatrix}1 & -1\\ 2 & 4\end{pmatrix}\boldsymbol{X}+\begin{pmatrix}\sin 2t\\ 0\end{pmatrix}\\ \boldsymbol{X}(0)=\begin{pmatrix}x_1(0)\\ x_2(0)\end{pmatrix}=\begin{pmatrix}0\\ 2\end{pmatrix}\end{cases}$；

③$\begin{cases}\frac{d}{dt}\boldsymbol{X}=\begin{pmatrix}2 & 0 & 0\\ 0 & 2 & 3\\ 0 & 3 & 2\end{pmatrix}\boldsymbol{X}+\begin{pmatrix}3\\ 0\\ \sin t\end{pmatrix}\\ \boldsymbol{X}(0)=\begin{pmatrix}x_1(0)\\ x_2(0)\\ x_3(0)\end{pmatrix}=\begin{pmatrix}2\\ 1\\ 2\end{pmatrix}\end{cases}$；④$\begin{cases}\frac{d}{dt}\boldsymbol{X}=\begin{pmatrix}2 & 0 & 0\\ 0 & 0 & 1\\ 0 & 1 & 0\end{pmatrix}\boldsymbol{X}+\begin{pmatrix}2\\ 2\cos 2t\\ 2\end{pmatrix}\\ \boldsymbol{X}(0)=\begin{pmatrix}x_1(0)\\ x_2(0)\\ x_3(0)\end{pmatrix}=\begin{pmatrix}0\\ 1\\ 0\end{pmatrix}\end{cases}$。

部分习题答案

第 1 章习题答案

(1) $u_1(t)=\dfrac{R_1}{R_1+R_2}u_s(t)$， $u_2(t)=\dfrac{R_2}{R_1+R_2}u_s(t)$

(2) $i_1(t)=\dfrac{R_2}{R_1+R_2}i_s(t)$， $i_2(t)=\dfrac{R_1}{R_1+R_2}i_s(t)$

(3) 369，468，567，666，765，864，963

(4) $\begin{cases}0\\25\\75\end{cases}$，$\begin{cases}4\\18\\78\end{cases}$，$\begin{cases}8\\11\\81\end{cases}$，$\begin{cases}12\\4\\84\end{cases}$；不能

(5) ①唯一解：$\begin{cases}I_1=U_s-15\\I_2=2U_s-25\\I_3=10-U_s\end{cases}$；② $\mu\neq 5/2$ 时，唯一解：$\begin{cases}I_1=0\\I_2=5\text{A}\\I_3=-5\text{A}\end{cases}$ ； $\mu=5/2$ 时，无穷多解；③ $\mu\neq 5/2$ 时，唯一解：$\begin{cases}I_1=-\dfrac{5}{2\mu-5}\\I_2=\dfrac{-8+3\mu}{2\mu-5}\\I_3=\dfrac{3(1-\mu)}{2\mu-5}\end{cases}$； $\mu=5/2$ 时，无解

(6) $LC\dfrac{\mathrm{d}^2i}{\mathrm{d}t^2}+RC\dfrac{\mathrm{d}i}{\mathrm{d}t}+i=C\dfrac{\mathrm{d}u_s}{\mathrm{d}t}$

(7) $LC\dfrac{\mathrm{d}^2i_L}{\mathrm{d}t^2}+RC\dfrac{\mathrm{d}i_L}{\mathrm{d}t}+i_L=0$

(8) $LC\dfrac{\mathrm{d}^2u_C}{\mathrm{d}t^2}+u_C=0$

(9) $2\boldsymbol{r}_1=\begin{pmatrix}2\\4\\6\end{pmatrix}$，$\boldsymbol{r}_1+\boldsymbol{r}_2=\begin{pmatrix}6\\2\\5\end{pmatrix}$，$4\boldsymbol{r}_1+2\boldsymbol{r}_2=\begin{pmatrix}14\\8\\16\end{pmatrix}$，$2\boldsymbol{r}_1-3\boldsymbol{r}_2=\begin{pmatrix}-13\\4\\0\end{pmatrix}$

(10) $a=11/4$，$b=-1/2$

(11) $x_1=0$，$x_2=4$，$x_3=2$

(13) $A_1=6(\cos 60°-\mathrm{j}\sin 60°)=6e^{-\mathrm{j}60°}$，$A_2=4\sqrt{2}(\cos 135°-\mathrm{j}\sin 135°)=4\sqrt{2}e^{-\mathrm{j}135°}$

(14) $\begin{cases} A_1 + A_2 = (a + |A_2|\cos\varphi_2) + \mathrm{j}(b + |A_2|\sin\varphi_2) \\ A_1 - A_2 = (a - |A_2|\cos\varphi_2) + \mathrm{j}(b - |A_2|\sin\varphi_2) \\ A_1 \cdot A_2 = (a|A_2|\cos\varphi_2 - b|A_2|\sin\varphi_2) + \mathrm{j}(a|A_2|\sin\varphi_2 + b|A_2|\cos\varphi_2) \\ \dfrac{A_1}{A_2} = \dfrac{\sqrt{a^2+b^2}}{|A_2|} e^{\mathrm{j}(\arctan\frac{b}{a} - \varphi_2)},\quad \dfrac{A_2}{A_1} = \dfrac{|A_2|}{\sqrt{a^2+b^2}} e^{\mathrm{j}(\varphi_2 - \arctan\frac{b}{a})} \end{cases}$

(15) ① $Z_1 + Z_2 = a + \mathrm{j}b$，$Z_1 + Z_3 = a - \mathrm{j}c$，$Z_2 + Z_3 = \mathrm{j}(b-c)$，$Z_1 + Z_2 + Z_3 = a + \mathrm{j}(b-c)$;
② $\dfrac{ac(1-ja)}{a^2+c^2}$；③ $\dfrac{c[ac - j(a^2+b^2-bc)]}{a^2+(b-c)^2}$；④ $\dfrac{a(2a^2+b^2+c^2)+j(a^2-bc)(b-c)}{4a^2+(b-c)^2}$

(16) $\dfrac{R - j\omega(R^2C + \omega L^2C - L)}{(\omega RC)^2 + (\omega^2 LC - 1)^2}$

(17) $\dfrac{1}{2}(A + A^*) = a$，$\dfrac{1}{2j}(A - A^*) = b$

(18) $\dfrac{1}{2}(A + A^*) = |A|\cos\omega t$，$\dfrac{1}{2j}(A - A^*) = |A|\sin\omega t$

(19) $\boldsymbol{r}_1 + \boldsymbol{r}_2 = \begin{pmatrix} 1 \\ 3+\mathrm{j}2 \\ 5-\mathrm{j}1 \end{pmatrix}$，$(2+\mathrm{j}3)(\boldsymbol{r}_1 + \mathrm{j}2\cdot\boldsymbol{r}_2) = \begin{pmatrix} -7-\mathrm{j}4 \\ -24+\mathrm{j}16 \\ -1+\mathrm{j}18 \end{pmatrix}$

(20) $\dfrac{1}{2}(\boldsymbol{T} + \boldsymbol{T}^*) = \begin{pmatrix} -2\sin\omega t \\ 3\cos\omega t \end{pmatrix}$，$\dfrac{1}{2j}(\boldsymbol{T} - \boldsymbol{T}^*) = \begin{pmatrix} 2\cos\omega t \\ 3\sin\omega t \end{pmatrix}$

(21) $i_1(t) + i_2(t) = 6.77\sqrt{2}\sin(\omega t + 47.2°)\mathrm{A}$

(22) $u_1(t) + u_2(t) = 13.5\sqrt{2}\sin(\omega t + 42.8°)\mathrm{V}$

(23) $\dot{I} = 2.4\mathrm{e}^{-\mathrm{j}53.1°}\mathrm{A}$，$\dot{U}_R = 7.2\mathrm{e}^{-\mathrm{j}53.1°}\mathrm{V}$，$\dot{U}_L = 9.6\mathrm{e}^{\mathrm{j}36.9°}\mathrm{V}$

(24) $2\mathrm{e}^{\mathrm{j}0°}\mathrm{A}$，$1.90e^{-\mathrm{j}161.6°}\mathrm{A}$，$3.16\mathrm{e}^{\mathrm{j}34.7°}\mathrm{A}$

(25) ① $p_{1,2} = \dfrac{(A-3) \pm \sqrt{(3-A)^2 - 4\omega_0^2}}{2}$；

② $\alpha > 0$时，$p_1 = -\alpha^{1/3}$，$p_{2,3} = \alpha^{1/3}(1 \pm \mathrm{j}\sqrt{3})/2$；$\alpha < 0$时，$p_1 = |\alpha|^{1/3}$，$p_{2,3} = |\alpha|^{1/3}(-1 \pm \mathrm{j}\sqrt{3})/2$；

③ $p_{1,2,3} = -1$，$p_4 = -2$；

④ $p_1 = -2/3$，$p_{2,3} = (-1 \pm \mathrm{j}\sqrt{11})/2$；

⑤ $p_{1,2} = -1 \pm \mathrm{j}1$，$p_{3,4} = (-1 \pm \mathrm{j}\sqrt{3})/2$

(26) ① $\dfrac{-1}{p+1} + \dfrac{3}{p+2}$；② $\dfrac{(1-\mathrm{j})/2}{p+(-1+\mathrm{j})} + \dfrac{(1+\mathrm{j})/2}{p+(-1-\mathrm{j})}$；③ $\dfrac{2}{p} - \dfrac{3}{p+1} + \dfrac{1}{p+2}$；
④ $\dfrac{1}{p} + \dfrac{\mathrm{j}}{p+(-1+\mathrm{j}2)} - \dfrac{\mathrm{j}}{p+(-1-\mathrm{j}2)}$；⑤ $\dfrac{2}{p} - \dfrac{1}{p+1} + \dfrac{\mathrm{j}(1/2)}{p-\mathrm{j}} - \dfrac{\mathrm{j}(1/2)}{p-\mathrm{j}} + \dfrac{1-\mathrm{j}}{p+1-\mathrm{j}} + \dfrac{1+\mathrm{j}}{p+1-\mathrm{j}}$

(27) $i(t) = 0.62\sqrt{2}\sin(314t - 45°)\mathrm{A}$

(28) $i(t) = 4.56\sqrt{2}\sin(314t - 28.6°)\mathrm{A}$

(29) $u_C(t)=\dfrac{U_{m1}}{\sqrt{1+(\omega_1 RC)^2}}\sin[\omega_1 t+\varphi_1-\arctan(\omega_1 RC)]$

$+\dfrac{U_{m2}}{\sqrt{1+(\omega_2 RC)^2}}\sin[\omega_2 t+\varphi_2-\arctan(\omega_2 RC)]+\cdots$

$+\dfrac{U_{mi}}{\sqrt{1+(\omega_i RC)^2}}\sin[\omega_i t+\varphi_i-\arctan(\omega_i RC)]+\cdots$ $(i=1，2，\cdots)$

(30) $u_R(t)=\dfrac{(\omega_1 RC)U_{m1}}{\sqrt{1+(\omega_1 RC)^2}}\sin[\omega_1 t+\varphi_1+90°-\arctan(\omega_1 RC)]$

$+\dfrac{(\omega_2 RC)U_{m2}}{\sqrt{1+(\omega_2 RC)^2}}\sin[\omega_2 t+\varphi_2+90°-\arctan(\omega_2 RC)]+\cdots$

$+\dfrac{(\omega_i RC)U_{mi}}{\sqrt{1+(\omega_i RC)^2}}\sin[\omega_i t+\varphi_i+90°-\arctan(\omega_i RC)]+\cdots$ $(i=1，2，\cdots)$

(31) $i(t)=\dfrac{U_m}{R}\sin(\dfrac{1}{\sqrt{LC}}t+\varphi)$

第 2 章习题答案

(1)①2；②6；③3；④2；⑤2；⑥9；⑦0；⑧0；⑨−1

(2)①2；②16；③0；④-8；⑤38；⑥−18；⑦−18；⑧18；⑨134；⑩24；⑪9；⑫182

(6)①$x_1=0，x_2=4，x_3=2$；②$i_1=12.4\times10^{-3}$A，$i_2=-6.78\times10^{-3}$A，$i_0=5.65\times10^{-3}$A；③$I_1=-5$A，$I_2=0$，$I_3=-5$A

(8)①$2t^3$；②−2

(10) $\dfrac{120}{101}$A

(11)①$x_1=1，x_2=0，x_3=0$；②$x_1=-1，x_2=4，x_3=-1$

(12) $\dot{I}_0=80.5\mathrm{e}^{\mathrm{j}180°}$A。

(17) 选取$i_5，i_6，i_7$为自由未知量，即$i_5=c_5，i_6=c_6，i_7=c_7$，可得一种唯一解$i_1=-c_6-c_7$ $i_2=c_6+c_7$，$i_3=c_5+c_6$，$i_4=-c_5+c_7$

(18) $I_0=\dfrac{295}{101}$A，$I_1=\dfrac{175}{101}$A，$I_2=\dfrac{165}{101}$A，$I_3=\dfrac{10}{101}$A，$I_4=\dfrac{120}{101}$A，$I_5=\dfrac{130}{101}$A

(19)①$A<3$；②$\alpha>0$；③在；④在；⑤在

第3章习题答案

(1)

门A	门B	出入
1	0	1
0	1	1
1	1	1
0	0	0

(2)

灯A	灯B	亮灭
1	0	1
0	1	1
1	1	0
0	0	0

(3)

齐王 / 田忌	上中下	中上下	下中上	上下中	中下上	下上中
上中下	3	1	1	1	1	−1
中上下	1	3	1	−1	1	1
下中上	1	−1	3	1	1	1
上下中	1	1	−1	3	1	1
中下上	−1	1	1	1	3	1
下上中	1	1	1	1	−1	3

(4) $\begin{pmatrix} 3 & -2 & 7 \\ 3 & 2 & 3 \end{pmatrix}$，$\begin{pmatrix} 0 & 7 & 1 \\ -3 & -7 & -3 \end{pmatrix}$，$\begin{pmatrix} 1 & 11 & 4 \\ -4 & -11 & -4 \end{pmatrix}$

(5) ① $\begin{pmatrix} 4 & 2 & 10 \\ 2 & -2 & 2 \\ 1 & 2 & 2 \end{pmatrix}$；② $\begin{pmatrix} 3 & -2 & 7 \\ 3 & 2 & 3 \\ 3 & -2 & 3 \end{pmatrix}$；③ $\begin{pmatrix} 1 & 11 & 4 \\ -4 & -10 & -4 \\ -4 & 16 & 1 \end{pmatrix}$；④ $\begin{pmatrix} 1 & -4 & -4 \\ 11 & -11 & 16 \\ 4 & 4 & 1 \end{pmatrix}$；

⑤ $\begin{pmatrix} 14 & -23 & 11 \\ 1 & -10 & 1 \\ 9 & -5 & 8 \end{pmatrix}$；⑥ $\begin{pmatrix} 1 & 8 & 6 \\ 9 & 3 & 17 \\ 1 & 8 & 8 \end{pmatrix}$；⑦ $\begin{pmatrix} 1 & 9 & 1 \\ 8 & 3 & 8 \\ 6 & 17 & 8 \end{pmatrix}$；⑧ $\begin{pmatrix} 1 & 9 & 1 \\ 8 & 3 & 8 \\ 6 & 17 & 8 \end{pmatrix}$

(6) $\frac{1}{2}\begin{pmatrix} 1 & 4 \\ 2 & -5 \\ -5 & 3 \end{pmatrix}$

(7) $\begin{pmatrix} x_1 \\ x_2 \\ x_3 \end{pmatrix} = \begin{pmatrix} 1 \\ 0 \\ 1 \end{pmatrix} + c_2 \begin{pmatrix} 7 \\ 1 \\ 5 \end{pmatrix}$

(8) ① $\begin{pmatrix} 2 & 25 \\ 0 & 8 \end{pmatrix}$； ② $\dfrac{1}{10}\begin{pmatrix} 6 & 2 \\ 6 & -3 \end{pmatrix}$

(9) $\dfrac{1}{2}\begin{pmatrix} 1 & 8 & 9 \\ -2 & 4 & 6 \\ -2 & 2 & 0 \end{pmatrix}$

(10) $\begin{pmatrix} 2 & 0 & 2 \\ 0 & 4 & 0 \\ 2 & 0 & 2 \end{pmatrix}$

(11) ① $\dfrac{1}{18}\begin{pmatrix} -21 \\ 7 \\ 6 \end{pmatrix}$； ② $\begin{pmatrix} -1 \\ 3 \\ 1 \end{pmatrix}$

(12) $\boldsymbol{B}^{-1}\boldsymbol{A} = \begin{pmatrix} 1 & 2 & 3 \\ -44 & -61 & -78 \\ 9 & 12 & 15 \end{pmatrix}$；用矩阵 $\boldsymbol{B}$ 左乘以编码矩阵即可

(13) ① $R(A)=3$; ② $R(A)=3$; ③ $R(A)=3$

(14) ① $\begin{pmatrix} 1 & 0 & 0 \\ 0 & 1 & 0 \\ 0 & 0 & 1 \end{pmatrix}$； ② $\begin{pmatrix} 1 & 0 & 0 & -25/2 \\ 0 & 1 & 0 & 9/2 \\ 0 & 0 & 1 & 5/2 \end{pmatrix}$； ③ $\begin{pmatrix} 1 & 1 & 0 & 0 \\ 0 & -1 & 1 & 0 \\ 0 & 0 & 0 & 1 \\ 0 & 0 & 0 & 0 \end{pmatrix}$

(15) ① $\begin{pmatrix} x_1 \\ x_2 \\ x_3 \end{pmatrix} = \begin{pmatrix} 0 \\ 0 \\ 0 \end{pmatrix}$； ② $\begin{pmatrix} x_1 \\ x_2 \\ x_3 \\ x_4 \end{pmatrix} = \begin{pmatrix} -8 \\ 13 \\ 2 \\ 0 \end{pmatrix} + c_4 \begin{pmatrix} -2 \\ 2 \\ 1/2 \\ 1 \end{pmatrix}$

(16) ① $a \neq 1$； ② $a \neq 1$，$b \neq 1$； ③ $a=1$，$b=1$，$\boldsymbol{b}=(k_3+k_4-1)\boldsymbol{a}_1-(2k_3+2k_4-1)\boldsymbol{a}_2+k_3\boldsymbol{a}_3+k_4\boldsymbol{a}_4$

(17) ① $\begin{pmatrix} x_1 \\ x_2 \\ x_3 \\ x_4 \end{pmatrix} = c_4 \begin{pmatrix} 3 \\ -1 \\ 1 \\ 1 \end{pmatrix}$； ② $\begin{pmatrix} x_1 \\ x_2 \\ x_3 \\ x_4 \\ x_5 \end{pmatrix} = c_2 \begin{pmatrix} 0 \\ 1 \\ 0 \\ 0 \\ 0 \end{pmatrix} + c_5 \begin{pmatrix} 27/5 \\ 0 \\ -14/5 \\ -12/5 \\ 1 \end{pmatrix}$

(18) ① $\begin{pmatrix} x_1 \\ x_2 \\ x_3 \\ x_4 \end{pmatrix} = \begin{pmatrix} 0 \\ 1 \\ 0 \\ 0 \end{pmatrix} + c_3 \begin{pmatrix} -2 \\ 1 \\ 1 \\ 0 \end{pmatrix} + c_4 \begin{pmatrix} -1 \\ -2 \\ 0 \\ 1 \end{pmatrix}$； ② $\begin{pmatrix} x_1 \\ x_2 \\ x_3 \\ x_4 \end{pmatrix} = \begin{pmatrix} -8/3 \\ -1/3 \\ 0 \\ 2 \end{pmatrix} + c_3 \begin{pmatrix} -2 \\ 0 \\ 1 \\ 0 \end{pmatrix}$

(19) 只需要证明向量组 $\begin{pmatrix}1\\1\\0\\0\\1\\0\end{pmatrix}$，$\begin{pmatrix}0\\-1\\1\\-1\\0\\0\end{pmatrix}$，$\begin{pmatrix}0\\0\\0\\1\\-1\\-1\end{pmatrix}$ 线性无关即可

(20) 由 $\boldsymbol{Z}$ 参数矩阵可以推导出 $\boldsymbol{Y}$ 参数矩阵、$\boldsymbol{H}$ 参数矩阵和 $\boldsymbol{B}$ 参数矩阵依次为

$$\boldsymbol{Y}=\begin{pmatrix}Y_{11} & Y_{12}\\ Y_{21} & Y_{22}\end{pmatrix}=\frac{1}{\Delta_Z}\begin{pmatrix}Z_{22} & -Z_{12}\\ -Z_{21} & Z_{11}\end{pmatrix}=\frac{1}{\Delta_Z}\begin{pmatrix}R_2+R_3 & -R_3\\ -R_3 & R_1+R_3\end{pmatrix}$$

$$\boldsymbol{H}=\begin{pmatrix}H_{11} & H_{12}\\ H_{21} & H_{22}\end{pmatrix}=\frac{1}{Z_{22}}\begin{pmatrix}\Delta_Z & Z_{12}\\ -Z_{21} & 1\end{pmatrix}=\frac{1}{R_2+R_3}\begin{pmatrix}\Delta_Z & R_3\\ -R_3 & 1\end{pmatrix}$$

$$\boldsymbol{B}=\begin{pmatrix}B_{11} & B_{12}\\ B_{21} & B_{22}\end{pmatrix}=\frac{1}{Z_{12}}\begin{pmatrix}Z_{22} & \Delta_Z\\ 1 & Z_{11}\end{pmatrix}=\frac{1}{R_3}\begin{pmatrix}R_2+R_3 & \Delta_Z\\ 1 & R_1+R_3\end{pmatrix}$$

其中 $\Delta_Z=R_1R_2+R_2R_3+R_3R_1$

(21) 由 $\boldsymbol{H}$ 参数矩阵可以推导出 $\boldsymbol{Y}$ 参数矩阵、$\boldsymbol{Z}$ 参数矩阵和 $\boldsymbol{B}$ 参数矩阵依次为

$$\boldsymbol{Y}=\begin{pmatrix}Y_{11} & Y_{12}\\ Y_{21} & Y_{22}\end{pmatrix}=\frac{1}{H_{22}}\begin{pmatrix}\Delta_H & H_{12}\\ -H_{21} & 1\end{pmatrix}=-r_{ce}\begin{pmatrix}\Delta_H & 0\\ -\beta & 1\end{pmatrix}$$

$$\boldsymbol{Y}=\begin{pmatrix}Y_{11} & Y_{12}\\ Y_{21} & Y_{22}\end{pmatrix}=\frac{1}{H_{11}}\begin{pmatrix}1 & -H_{12}\\ H_{21} & \Delta_H\end{pmatrix}=\frac{1}{r_{be}}\begin{pmatrix}1 & 0\\ \beta & \Delta_H\end{pmatrix}$$

其中 $\Delta_H=-r_{be}/r_{ce}$

$$\boldsymbol{B}=\begin{pmatrix}B_{11} & B_{12}\\ B_{21} & B_{22}\end{pmatrix}=\frac{1}{H_{12}}\begin{pmatrix}-1 & H_{11}\\ H_{22} & \Delta_H\end{pmatrix}$$，因为 $H_{12}=0$，所以矩阵 $\boldsymbol{B}$ 不存在

第 4 章习题答案

(1) ① $p_1=-1$，$p_2=p_3=3$；$\boldsymbol{T}_1=\begin{pmatrix}0\\-1\\1\end{pmatrix}$，$\boldsymbol{T}_2=\begin{pmatrix}1\\0\\0\end{pmatrix}$，$\boldsymbol{T}_3=\begin{pmatrix}0\\1\\1\end{pmatrix}$；

② $p_1=-1$，$p_2=2$，$p_3=5$；$\boldsymbol{T}_1=\begin{pmatrix}0\\-1\\1\end{pmatrix}$，$\boldsymbol{T}_2=\begin{pmatrix}1\\0\\0\end{pmatrix}$，$\boldsymbol{T}_3=\begin{pmatrix}0\\1\\1\end{pmatrix}$；

③ $p_1=\mathrm{j}4$，$p_2=-\mathrm{j}4$；$\boldsymbol{T}_1=\begin{pmatrix}-\mathrm{j}4\\1\end{pmatrix}$，$\boldsymbol{T}_2=\begin{pmatrix}\mathrm{j}4\\1\end{pmatrix}$；

④ $p_1=-\frac{1}{2}+\mathrm{j}\frac{\sqrt{3}}{2}$，$p_2=-\frac{1}{2}-\mathrm{j}\frac{\sqrt{3}}{2}$；$\boldsymbol{T}_1=\begin{pmatrix}\mathrm{e}^{\mathrm{j}60^\circ}\\1\end{pmatrix}$，$\boldsymbol{T}_2=\begin{pmatrix}\mathrm{e}^{-\mathrm{j}60^\circ}\\1\end{pmatrix}$

(2) ①能，$T^{-1}=\frac{1}{2}\begin{pmatrix}2 & 0 & 0\\ 0 & 1 & -1\\ 0 & -1 & 1\end{pmatrix}$；②不能；③能，$T^{-1}=\begin{pmatrix}1 & -1\\ 1 & 2\end{pmatrix}$；④不能

(3) ① $X=M_1e^{-t}\begin{pmatrix}1\\1\end{pmatrix}+M_2e^{5t}\begin{pmatrix}-1\\1\end{pmatrix}$；② $X=M_1e^{2t}\begin{pmatrix}-1\\1\end{pmatrix}+M_2e^{5t}\begin{pmatrix}-1/2\\1\end{pmatrix}$；

③ $X=M_1e^{-t}\begin{pmatrix}0\\-1\\1\end{pmatrix}+M_2e^{2t}\begin{pmatrix}1\\0\\0\end{pmatrix}+M_3e^{5t}\begin{pmatrix}0\\1\\1\end{pmatrix}$；④ $X=M_1e^{t}\begin{pmatrix}1\\0\\0\end{pmatrix}+M_2e^{-t}\begin{pmatrix}0\\1\\1\end{pmatrix}+M_3e^{2t}\begin{pmatrix}0\\-1\\1\end{pmatrix}$

(5) 参照例 4-3

(7) ① $y(t)=M_1e^{(-2+\sqrt{3})t}+M_2e^{(-2-\sqrt{3})t}$；② $y(t)=M_1e^{(2+\sqrt{3})t}+M_2e^{(2-\sqrt{3})t}$；
③ $y(t)=M_1e^{(-3+\sqrt{5})t/2}+M_2e^{(-3-\sqrt{5})t/2}$；④ $y(t)=M_1e^{(3+\sqrt{5})t/2}+M_2e^{(3-\sqrt{5})t/2}$；
⑤ $y(t)=M_1e^{-t}+M_2te^{-t}$；⑥ $y(t)=M_1e^{(-1+\sqrt{2})t}+M_2e^{(-1-\sqrt{2})t}$；
⑦ $y(t)=e^{-t/2}(M_1\sin\frac{\sqrt{3}}{2}t+M_2\cos\frac{\sqrt{3}}{2}t)$；⑧ $y(t)=M_1e^{(-1+\sqrt{52})t/2}+M_2e^{(-1-\sqrt{5})t/2}$；
⑨ $y(t)=M_1\sin\omega_0 t+M_2\cos\omega_0 t)$；⑩ $y(t)=M_1e^{\omega_0 t}+M_2e^{-\omega_0 t}$。

(8) ①稳定；②不稳定；③稳定；④不稳定；⑤稳定；⑥不稳定；⑦稳定；⑧不稳定；⑨不稳定；⑩不稳定

(9) ① $y(t)=Me^{-t/4}+6$；② $y(t)=M_1e^{(-3+\sqrt{5})t/2}+M_2e^{(-3-\sqrt{5})t/2}+10$；

③ $y(t)=Me^{-2t}+4\sin t-2\cos t$；④ $y(t)=M_1e^{-t}+M_2e^{-2t}+\frac{1}{2}t-\frac{3}{4}$；

⑤ $y(t)=M_1e^{-t}+M_2te^{-t}+\frac{1}{4}e^{t}$；⑥ $y(t)=e^{-t/2}(M_1\sin\frac{\sqrt{3}}{2}t+M_2\cos\frac{\sqrt{3}}{2}t)+te^{-t}+e^{-t}$；

⑦ $y(t)=M_1\sin\omega_0 t+M_2\cos\omega_0 t)+\frac{5}{\omega_0^2}$；

⑧ $y(t)=e^{-t/2}(M_1\sin\frac{\sqrt{3}}{2}t+M_2\cos\frac{\sqrt{3}}{2}t)+e^{-2t}(-\frac{2}{33}\sin 3t+\frac{1}{11}\cos 3t)$；

⑨ $y(t)=e^{-t/2}(M_1\sin\frac{\sqrt{3}}{2}t+M_2\cos\frac{\sqrt{3}}{2}t)+e^{-t}(M_3\sin t+M_4\cos t)+\frac{1}{\sqrt{5}}\sin(t-\arctan 2)$

(10) ① $y(t)=4(1-e^{-3t})$；② $y(t)=\frac{8}{13}e^{-3t}+\frac{4}{\sqrt{13}}\sin(2t-\arctan(2/3))$；

③ $y(t)=3-e^{-2t}$；④ $y(t)=\frac{50}{17}e^{-t/2}+\frac{4}{17}\sin 2t+\frac{1}{17}\cos 2t$；

⑤ $y(t)=-2(1+t)e^{-t}+3$；⑥ $y(t)=2e^{-t/2}(\frac{4\sqrt{3}}{3}\sin\frac{\sqrt{3}}{2}t+\cos\frac{\sqrt{3}}{2}t)+(t+1)e^{-t}$；

⑦ $y(t)=\frac{26871}{510}e^{-t}+\frac{1435}{17}e^{-2t}+\frac{1757}{68}e^{-3t}-\frac{1774}{255}e^{-4t}+\frac{1}{10\sqrt{17}}\sin(t-\arctan(\frac{1}{4}))$

(11) ① $X(t)=e^{-t}\begin{pmatrix}1\\1\end{pmatrix}+\begin{pmatrix}0\\2\end{pmatrix}$；

② $\boldsymbol{X}(t)=-2\mathrm{e}^{2t}\begin{pmatrix}-1\\1\end{pmatrix}+\dfrac{31}{29}\mathrm{e}^{5t}\begin{pmatrix}0\\1\end{pmatrix}+\dfrac{1}{58}\begin{pmatrix}39\\19\end{pmatrix}\sin 2t+\dfrac{1}{58}\begin{pmatrix}33\\21\end{pmatrix}\cos 2t$；

③ $\boldsymbol{X}(t)=\dfrac{1}{4}\mathrm{e}^{t}\begin{pmatrix}0\\-1\\1\end{pmatrix}+\dfrac{7}{2}\mathrm{e}^{2t}\begin{pmatrix}1\\0\\0\end{pmatrix}+\dfrac{83}{52}\mathrm{e}^{5t}\begin{pmatrix}0\\1\\1\end{pmatrix}-\dfrac{3}{2}\begin{pmatrix}1\\0\\0\end{pmatrix}+\dfrac{1}{26}\begin{pmatrix}0\\4\\-9\end{pmatrix}\sin t+\dfrac{1}{26}\begin{pmatrix}0\\-9\\4\end{pmatrix}\cos t$；

④ $\boldsymbol{X}(t)=2\mathrm{e}^{t}\begin{pmatrix}1\\0\\0\end{pmatrix}+\dfrac{1}{5}\mathrm{e}^{-t}\begin{pmatrix}0\\1\\1\end{pmatrix}-\dfrac{1}{4}e^{2t}\begin{pmatrix}0\\-1\\1\end{pmatrix}+\dfrac{1}{2}\begin{pmatrix}-2\\3\\1\end{pmatrix}+\dfrac{1}{20}\begin{pmatrix}0\\13\\3\end{pmatrix}\sin 2t+\dfrac{1}{20}\begin{pmatrix}0\\-1\\9\end{pmatrix}\cos 2t$

主要参考文献

曾黄麟，2011．信号与线性系统[M]．北京：科学出版社.

陈维新，2014．线性代数简明教程[M]．第2版．北京：科学出版社.

东北师范大学微分方程教研室，2005．常微分方程[M]．第2版．北京：高等教育出版社.

邱关源，罗先觉，2006．电路[M]．第5版．北京：高等教育出版社.

上海交通大学数学系，2014．线性代数[M]．第3版．北京：科学出版社.

同济大学数学系，2014．线性代数[M]．第6版．北京：高等教育出版社.

童诗白，华成英，2006．模拟电子技术基础[M]．第4版．北京：高等教育出版社.

王松林，吴大正，李小平，等，2008．电路基础[M]．第3版．西安：西安电子科技大学出版社.

吴大正，2010．信号与线性系统分析[M]．第4版．北京：高等教育出版社.

阎慧臻，2016．线性代数及其应用[M]．第2版．北京：科学出版社.

张禾瑞，郝锳新，2007．高等代数[M]．第5版．北京：高等教育出版社.

张永瑞，王松林，2005．电路基础教程[M]．北京：科学出版社.

《数学手册》编写组，2005. 数学手册[M]．北京：高等教育出版社.